LOS NUMERATI

Stephen Baker

Los
Numerati

temas 'de hoy.

Título original en inglés: *The numerati*

Diseño de portada: Roxana Ruiz y Diego Álvarez
Traducción: Enrique Cruz Mercado González Lozano

© 2008, Stephen Baker

Derechos exclusivos en español para todo el mundo.
Publicado mediante acuerdo Stephen Baker Media, Ltd. c/o
Levine / Greenberg Literary Agency, New York, NY, USA

© 2009, Editorial Planeta Mexicana, S.A. de C.V.
Bajo el sello editorial TEMAS DE HOY
Avenida Presidente Masarik núm. 111, 2o. piso
Colonia Chapultepec Morales
C.P. 11570 México, D.F.
www.editorialplaneta.com.mx

Primera edición: julio de 2009
ISBN: 978-607-07-0183-2

Impreso en los talleres de Litográfica Ingramex, S.A. de C.V.
Centeno núm. 162, colonia Granjas Esmeralda, México, D.F.
Impreso y hecho en México – *Printed and made in Mexico*

Para Jalaire

ÍNDICE

INTRODUCCIÓN

Imagina que estás en un café, tal vez bullicioso como éste en el que me encuentro ahora. En una mesa, a tu derecha, una joven teclea en su *laptop*. Volteas y ves su pantalla. Navega por Internet. Observas.

Transcurren las horas. Ella consulta un periódico en línea. Te das cuenta de que está leyendo tres artículos sobre China. Busca películas para el viernes en la noche y ve los avances de *Kung Fu Panda*. Hace clic en un anuncio que ofrece conectarla con antiguos compañeros de la preparatoria. Estás ahí sentado, tomando notas. A cada minuto que pasa sabes más sobre ella. Ahora imagina que pudieras observar a ciento cincuenta millones de personas que navegan por la Red al mismo tiempo. Bueno, eso es más o menos lo que hace Dave Morgan.

«¿Qué pasa con los aficionados a las películas de amor?», pregunta Morgan mientras tomamos asiento en su oficina de Nueva York una nublada tarde de verano. Este publicista conoce incontables detalles sobre nuestros movimientos en Internet. Puede trazar las rutas de nuestras «migraciones», como si fuéramos golondrinas o ballenas jorobadas, cuando vamos de una página a otra. A últimas fechas lo intrigan las personas que hacen clic frecuentemente en un anuncio de renta de automóviles. Un nutrido grupo de éstas ha visitado obituarios en línea, lo cual es lógico, dice, mientras se oye el golpeteo de la lluvia en las ventanas. «Cuando alguien muere, quizá rentes un auto para ir al sepelio.» Sin embargo, es el segundo grupo en importancia numérica el que lo tiene perplejo: justamente los aficionados a las películas de amor. Por alguna razón que no comprende, a muchos de ellos parece atraerlos un anuncio de Alamo Rent A Car.

Morgan, un optimista hombre de cuarenta y tres años de edad, se peina con la raya de lado, como si de niño su mamá hubiera metido un peine en el agua, se lo hubiera pasado y el cabello se le hubiera quedado así para siempre. Creció en Clearfield, un pueblo situado al oeste de Pensilvania, cerca de Punxsutawney. Cada 2 de febrero, a medio camino entre el solsticio de invierno y el equinoccio de primavera, en ese pueblo mucha gente se reúne para ver una gran marmota enjaulada que ha terminado de hibernar y aún está aturdida. La gente estudia la reacción del animal a su propia sombra. Según una antigua tradición celta, ese solo dato indica si la primavera llegará pronto o se hará esperar hasta fines de marzo. Morgan se ha alejado lo más posible de esas predicciones populares. En su empresa Tacoda, ubicada en Nueva York, contrata a estadísticos que rastrean nuestras correrías en la Red y predicen nuestros siguientes pasos. Morgan fue uno de los pioneros de la publicidad en Internet durante el apogeo de las compañías «punto com», cuando puso en marcha la agencia 24/7 Real Media. Posteriormente fundó la compañía Tacoda y dio el salto a lo que consideró la nueva maravilla: ayudar a los anunciantes a identificar a los internautas más ad hoc para sus mensajes.

El negocio de Tacoda consiste en recopilar una gran cantidad de datos. Esta compañía ha llegado a acuerdos con miles de publicaciones en línea, desde el *New York Times* hasta *BusinessWeek*. Los sitios *web* de esas publicaciones autorizan a Tacoda a depositar en nuestras computadoras pequeños archivos llamados «galletas» o *cookies,* que le permiten seguir nuestro recorrido de una página a otra. Lo que le interesa es nuestra conducta, por lo que no se molesta en indagar nuestro nombre u otros detalles personales (lo cual podría desatar airadas protestas respecto a la cuestión de privacidad). Con todo, Tacoda se entera de muchas cosas.

Supongamos que visitas el *Boston Globe* y lees una columna sobre el Prius de Toyota; luego vas a la sección de automóviles en AOL. Es muy probable que estés en el mercado de los coches. De modo que, mientras navegas por Internet, en algún momento Tacoda te lanza un anuncio de automóviles. Haces clic en él, el anunciante le paga a Tacoda y al mismo tiempo ésta conoce un poco más de ti. Tacoda cosecha a diario veinte mil millones de esos indicios.

En ocasiones, el equipo de Morgan detecta grupos de internautas que parecen navegar en sincronía. El reto en este caso es descubrir qué determina sus movimientos. Una vez que ello se tiene claro, los anunciantes pueden prever por dónde se desplazarán esas personas en la Red a fin de poner en su camino los anuncios adecuados. Eso requiere investigación. Pongamos por caso la curiosa relación entre los aficionados a las películas de amor y el anuncio de Alamo Rent A Car. Para entenderla, Morgan y sus colegas deben analizar detenidamente los datos. ¿A muchas de las personas que rentan autos les gusta cierto tipo de películas románticas, como las que se desarrollan en lugares exóticos? ¿Los integrantes de ese grupo tienen en común otros sitios favoritos? Las respuestas estriban en las cadenas de unos y ceros que nuestras computadoras emiten. La estadística podría demostrar que el aparente nexo entre aficionados a las películas de amor y arrendatarios de autos fue una mera casualidad. O bien, el equipo de Morgan podría poner al descubierto una tendencia más generalizada, una correlación entre romance y viaje, pasión y ansias de conocer el mundo, lo que conduciría a todo tipo de ideas de publicidad. En cualquier caso, Morgan puede llevar a cabo cientos de pruebas, cada una de las cuales le revelaría un poco más de nosotros y le permitiría dirigir los anuncios con mayor precisión. Está remplazando por ciencia el análisis que antes se basaba en la intuición del anunciante. Nosotros somos sus conejillos de Indias —o marmotas— y nunca dejamos de trabajar para él.

Somos prolíficos en lo que se refiere a la producción de datos. Engrosamos nuestros expedientes digitales todos los días por el simple hecho de usar teléfonos celulares, *laptops* y tarjetas de crédito. Considera mi caso. Mientras escribo en esta mañana de primavera, Verizon, mi compañía de telefonía celular, puede ubicarme en las inmediaciones de este café de Nueva Jersey. Visa puede constatar que he consumido mucha cafeína, quizá para mitigar los efectos del vino portugués que compré anoche a las 8:19, justo a tiempo para ver un partido de basquetbol colegial que, como TiVo quizá sepa, dejé de seguir luego del primer tiempo. Cámaras de seguridad capturan imágenes mías, con todo y hora, en las cercanías de los bancos y las tiendas. Y eso sin mencionar mis aventuras en Internet, que ya son materia de registro para docenas de editores y anunciantes en línea del mundo entero. Dave Morgan es sólo uno de los integrantes de este grupo enorme y curioso. A finales del siglo pasado, para obtener ese mismo nivel de información, el gobierno de Alemania oriental tenía que enrolar a decenas de miles de personas como espías. Hoy somos nuestros propios espías y minuto a minuto enviamos actualizaciones electrónicas.

Todo comenzó con los chips de las computadoras. Hasta la década de los ochenta, estas pequeñas piezas de silicio que contenían millones de transistores microscópicos aún eran una novedad. Pero con el paso de los años se abarataron y se desarrollaron aún más, y ahora los fabricantes los incluyen en prácticamente todo lo que pueda beneficiarse de su tecnología. Los chips activan los teléfonos celulares, los controles de automóviles, las cámaras digitales y, desde luego, las computadoras. Cada Navidad, los regalos que abrimos introducen más chips en nuestra existencia. Estos chips almacenan todas las instrucciones que reciben y todas las tareas que realizan. Toman notas escrupulosamente. Registran los detalles de nuestra vida. Esos fragmentos de información resultan casi insignificantes por separado, pero agrupados exponen nuestros gustos y huellas, nuestros hábitos en el trabajo, cómo recorremos los centros comerciales y los supermercados. Y estos torrentes de datos dan la vuelta al mundo. Si le envías a un amigo una carita sonriente desde tu teléfono celular, ese indicio de tu conducta, ese minúsculo gesto, corre al instante, junto con miles de millones más, a través de cables de fibra óptica. Sube a un satélite, baja y se deposita en un servidor en Singapur antes de que te hayas guardado el teléfono en el bolsillo. A nuestro alrededor vuelan tantas partículas de información que el aire mismo que respiramos está saturado de ellas.

Si alguien recopilara y organizara esas señales electrónicas dispersas, nuestra vida saldría de pronto a la luz. Se crearía un mosaico, distinto a cada minuto, de la conducta humana. Esta sola perspectiva basta para estremecer de emoción a los mercadólogos. Una vez que tienen en su poder una pizca de nuestros datos, pueden descifrar nuestros deseos, temores y necesidades. Y entonces podrían vendernos justo lo que requerimos.

Sin embargo, esto parecería mucho más simple de lo que es. Los agitados océanos de datos —desde mensajes de correo electrónico y descargas de pornografía hasta ingresos por concepto de ventas— producen olas inmensas y caóticas. En un solo mes, Yahoo reúne ciento diez mil millones de datos sobre sus clientes, según un estudio realizado en 2008 por la compañía de investigación comScore. Cada persona que visita los sitios de la red de anunciantes de Yahoo deja, en promedio, dos mil quinientas veinte huellas. Uno pensaría que con sólo juntarlas surgirían al instante nuestros rasgos como consumidores, turistas y empleados. No obstante, lograr esa claridad implica gran esfuerzo. Cuando visito al director de investigacion de Yahoo, Prabhakar Raghavan, me dice que la mayor parte de ese tesoro de información es basura digital. La llama «ruido» y asegura que podría sobrepasar fácilmente la capacidad de las computadoras de Yahoo. Si uno de los científicos de Raghavan ejecutara un comando incorrecto al buscar entre los datos de Yahoo, podría desquiciar los servidores de la compañía durante días. Pero un oportuno ajuste a las instrucciones podría acelerar la búsqueda en un factor de treinta mil, lo que reduciría un proceso de veinticuatro horas a unos tres segundos. Raghavan explica que las personas que poseen la agudeza correcta pueden extraer el significado de ese mar de datos casi infinito. Aunque no es fácil, podrían hallarnos ahí.

Las únicas personas capaces de dar sentido a los datos que

generamos son los mejores matemáticos, científicos e ingenieros de la computación. Ellos saben cómo convertir en símbolos los fragmentos de nuestra vida. ¿Por qué es necesario esto? Imagina que deseas llevar un registro de todo lo que comes en un año. Si eres como yo era en cuarto de primaria, vas a la papelería y compras un paquete de tarjetas, en cada una de las cuales anotas una comida. Pastel de carne. Espinacas. Tapioca. Cereal. Al cabo de unos días tendrás una pila de tarjetas cada vez más grande. El problema es que no hay manera de contarlas o analizarlas. Son sólo un montón de palabras. También son símbolos, por supuesto, y cada uno representa una cosa o un concepto. Pero es casi imposible sumarlos o restarlos, o vaciarlos en una gráfica que muestre una tendencia. Si pones esas palabras en una columna, formarán lo que los expertos en computación llaman «datos no estructurados». Así es como llaman a ese gran caos. Un mejor método consistiría en marcar todas las carnes con una *C*, todas las verduras con una *V*, todos los dulces con una *D* y así sucesivamente. Cuando hayas reducido las palabras a símbolos, podrías vaciarlos en una hoja de cálculo y estimar, digamos, cuántas veces comiste carne o dulces en una semana dada. Luego podrías elaborar una gráfica para relacionar tu alimentación con cambios en tu peso o con la cantidad de granos que tienes en la cara.

La clave de este proceso estriba en hallar semejanzas y modelos, lo que los seres humanos llevamos a cabo de manera instintiva. Así fue como dedujimos, hace mucho tiempo, cuáles plantas comer y cómo hablar. Ahora bien, mientras muchos de nosotros poníamos atención en retos específicos, otros pensaban de manera más simbólica. Imagino a seres humanos primitivos sentados alrededor de una fogata. Algunos, naturalmente, pelean por el mayor trozo de carne, o se ocupan de rituales de apareamiento. Pero, a un lado, unos cuantos privilegiados juguetean con piedras, pensando: «Si cada uno de estos guijarros representa un mamut, entonces esta roca...» Más tarde, señala Tobias Dantzig en *El número. Lenguaje de la ciencia,* los romanos emplearon la palabra *calcula,* que significa «guijarro», para dar nombre a ese proceso mental. Pero el guijarro fue sólo el principio. La esencia del cálculo consistió en pasar de los guijarros físicos a planos cada vez más elevados de razonamiento abstracto.

Esa ciencia se desarrolló a lo largo de los siglos, y ahora tenemos expertos capaces de trabajar sin dificultad con números inverosímilmente grandes, los miles de millones y billones que al resto de nosotros nos parecen inimaginables o irrelevantes. Son los herederos de la ciencia que convierte nuestras realidades diarias en símbolos. A medida que los datos que producimos siguen multiplicándose y las computadoras no cesan de ser cada vez más potentes, estos maestros adquieren poder. Dos de ellos hicieron mucho ruido a finales de la década de los noventa cuando fundaron Google, la marca por excelencia para esta era que comienza. Basada casi por completo en las matemáticas, su propósito es precisamente ayudarnos a recopilar datos. El gran paso de Google, que transformó un simple buscador en un gigante mediático, fue descubrir que nuestras indagaciones —las palabras que tecleamos cuando exploramos páginas en Internet— son de inmenso valor para los anunciantes. Esta compañía ideó la manera de convertir nuestra información en dinero. Y muchas otras quieren hacer lo mismo. Los magos de los datos ya se encuentran en la biología, la medicina, la publicidad, los deportes, la política… Nos están incluyendo y cuantificando.

Cuando comenzó este proceso, hace medio siglo, las primeras computadoras eran cajas rudimentarias del tamaño de un camión de basura. Funcionaban lejos de nosotros, en cuartos con aire acondicionado. En esa etapa temprana, la complejidad del ser humano era demasiado para ellas. Ni siquiera podían ganarnos en ajedrez, aunque parecían prometedoras en ciertos campos numéricos. Fue el caso de una prueba inicial realizada en una oficina de otorgamiento de créditos. En 1956, al matemático Bill Fair y su amigo, el ingeniero Earl Isaac —dos graduados de Stanford—, se les ocurrió remplazar a empleados por una computadora. Esa máquina descomunal no sabía prácticamente nada, ni siquiera cómo se ganaban la vida quienes solicitaban crédito. No sabía si habían obtenido un aumento o habían presentado una demanda de divorcio. En contraste, los empleados que otorgaban los préstamos contaban con mucha información. Por lo general conocían a la familia del solicitante. Estaban enterados de cómo le había ido en la preparatoria y por qué su compromiso matrimonial se había venido abajo, tal vez a causa de un problema de alcoholismo. Esos empleados del área de préstamos tenían datos suficientes para describir, si hubieran querido, cuadros sociológicos de las familias de su ciudad. No obstante, carecían de un sistema científico para analizarlo todo, por lo que los banqueros dependían en gran medida de su intuición.

A diferencia de ellos, el método computarizado se concentraba en un reducido conjunto de números, en su mayoría concernientes a saldos, deudas e historial de pagos bancarios. Lo esencial. Fair e Isaac crearon una compañía que analizaba las configuraciones de esos números. Desarrollaron un método para determinar las probabilidades de que los clientes dejaran de pagar un préstamo. A todos les asignaron un número. Esos resultados de riesgo demostraron que hacían mucho mejores predicciones que la intuición humana. La mayoría de los clientes que tenían altas calificaciones crediticias liquidaron sus préstamos. Además, mayor número de personas cubrieron los requisitos para adquirirlos. La computadora, después de todo, sólo discriminaba con base en números. Se trataba de una banca con igualdad de oportunidades. Como muchos otros sistemas analíticos, ése era más justo. Su corto alcance, paradójicamente, arrojaba resultados de amplio criterio. Más aún, muchas personas fueron en definitiva mejores opciones de lo que los empleados sospechaban. El mercado del crédito se amplió.

Con todo, la computadora tenía su lugar. Prosperó en el mundo de los números y ahí se quedó. Los expertos en lenguaje, música e imágenes apenas si repararon en ella. Pero en el curso de las décadas siguientes aumentó su capacidad; cada vez procesaba más unos y ceros por milisegundo. Se redujeron su precio y su tamaño, y se conectó con otras alrededor del mundo, lo cual derivó en una tremenda eficacia. Y, desde la perspectiva de los humanistas (incluido este especialista en historia), acabó con tecnologías enteras. Desplazó a las mecanógrafas; arrasó con los tocadiscos y las cámaras de cine; tomó el control del poderoso teléfono. Y finalmente, en la década de los noventa, aun quienes pensábamos que las computadoras eran rarezas del inframundo comenzamos a hacerles lugar en la casa y en la oficina. Aprendimos que podíamos usarlas para compartir con todo mundo nuestros mensajes, películas y fotos.

De hecho, no teníamos alternativa, porque los aparatos antiguos eran risiblemente lentos. Sólo que había una condición: debíamos convertir todo lo que enviáramos, la sustancia misma de nuestra existencia, en ceros y unos. Así fue como terminamos por entregar nuestras riquezas —la clave de las comunicaciones sobre la Tierra— a los amos del lenguaje de los símbolos. Ahora estos matemáticos y científicos de la computación poseen el poder de controlar la información de nuestra vida. Yo los llamo los Numerati.

Una sofocante tarde de verano, Dave Morgan está sentado en su espartana oficina sobre la Séptima Avenida. Ha bajado las persianas para que no entre el sol, pero no sabe cómo encender la luz fluorescente. En medio de la penumbra, me explica cómo ha cambiado la mercadotecnia en la última generación. Tradicionalmente, dice, los mercadólogos se concentraban en grandes grupos de personas. Desde su punto de vista, no éramos mucho más diversos que las líneas de autos de General Motors: Cadillacs y Buicks para los ricos y aspirantes a serlo, Chevys para la clase media, Pontiacs para los jóvenes exitosos y camionetas *pickup* para la gente de campo. No necesitaban saber mucho más, porque la industria estadounidense de mediados de siglo fabricaba en serie lo mismo *jeans* que crema de cacahuate. Las producciones menores y más especializadas costaban demasiado dinero. Claro, ciertas comunidades costeras atraían a excéntricos que manejaban autos extranjeros y se paseaban con *lederhosen* o boinas. Pero, en gran medida, comíamos, vestíamos y manejábamos lo que las fábricas de producción en serie elaboraban, y nos enterábamos de ello a través de los medios de comunicación masiva. Este modelo, creado en Estados Unidos, se extendió en las décadas posteriores a la Segunda Guerra Mundial por toda Europa y gran parte de Asia y América Latina. Fue una forma eficiente de llegar a millones de consumidores con bienes producidos por máquinas.

Morgan señala que la publicidad en este complejo industrial era simple. Se dividía a la población en cinco o seis grupos demográficos, con base en ingreso, género y lugar de residencia, y se ponían anuncios en las revistas y en los programas de televisión que les gustaban. En una época de productos más o menos indistinguibles, las marcas eran clave. Todo eso cambió. «En cincuenta años», explica Morgan, aún en la penumbra, «pasamos de una economía de mando y control a otra regida por los consumidores». ¿Cómo sucedió? Para empezar, las computadoras llegaron a las fábricas, lo que dio nueva flexibilidad a los fabricantes. Les permitieron manejar con mayor facilidad cereales o refrescos para crear combinaciones más elaboradas o con más sabor a limón. Con un simple comando, telares que seguían un diseño a rayas cambiaban a uno escocés. Aquello no era mucho más difícil de lo que para mí es cambiar la fuente Times a Papyrus mientras escribo este texto. Ello derivó en que la industria estuviera en condiciones de producir miles de variaciones nuevas, al tiempo que la globalización traía productos de todo el mundo casi hasta nuestra puerta. Hoy, las opciones son prácticamente ilimitadas. Triunfar en este mercado saturado requiere mucho más que eficacia industrial: la clave está en brindarnos a cada uno de nosotros el sabor, la textura y el color que deseamos, al precio adecuado. Los consumidores tienen la batuta, dice Morgan. «El control no está en la manufactura ni en la distribución.»

Esto significa que los mercadólogos deben considerarnos en forma individual. Un método consistiría en desplegar batallones de psicólogos y otros especialistas armados con tablas sujetapapel que toquen a nuestra puerta, aunque esto no es práctico. Así que una forma más razonable de estudiarnos es rastreando y analizando los datos que no cesamos de generar. Morgan va más lejos todavía. Me cuenta que su equipo está realizando experimentos para identificar la chispa de reconocimiento que produce el cerebro cuando la gente ve anuncios en línea. Las pruebas se centran en una onda cerebral llamada p300. (La Armada de Estados Unidos ha efectuado pruebas similares para ver de qué manera los pilotos distinguen en el aire a amigos de enemigos.) Si una onda p300 surge una fracción de segundo después de que un sujeto ve un anuncio, el equipo de Tacoda confirmará no sólo que lo ha visto, sino también que lo ha procesado mentalmente. ¿El paso siguiente? Determinar qué clase de personas procesan ciertos tipos de anuncios. Como otros Numerati en una gran variedad de industrias, Dave Morgan escudriña a los seres humanos y busca correlaciones ocultas. Se pregunta qué de lo que hacemos puede predecir lo que haremos más adelante.

La gente suele decirme cuando le platico acerca de este libro: «¡Vamos a terminar siendo simples números!»

Sí, respondo, pero ya lo somos desde hace mucho tiempo. Pensemos en las interminables filas de trabajadores que trenzan cables electrónicos en una planta mexicana, en los miles de soldados que se precipitaron al fuego de metralla en Verdún e incluso en una multitud extasiada que se abre paso a empujones para cruzar los torniquetes y entrar a un concierto de Grateful Dead. Desde el punto de vista de los supervisores, en esos escenarios todos carecemos de nombre y de rostro. Somos absolutamente intercambiables. Ya durante la era industrial nos convirtieron en meros números. No es nada nuevo.

Pues bien, los Numerati nos tienen reservados planes mucho más ambiciosos. Olvídate de los dígitos simples. Quieren calcular para cada uno de nosotros un enorme y complejo laberinto de números y ecuaciones. Se trata de modelos matemáticos. Los científicos los han usado durante décadas para simularlo todo, desde flotillas de camiones hasta bombas nucleares. Los construyen con base en vastas colecciones de datos, cada uno de los cuales representa un hecho o una probabilidad. Los modelos deben reflejar, en números, la realidad física; por decir, tamaño y peso, propiedades del metal o el plástico de que se compone un objeto, cómo responde a cambios en la presión atmosférica o el calor. Los modelos complejos pueden tener miles o millones de variables y deben interactuar matemáticamente, tal como lo hacen en la realidad. Su elaboración es muy minuciosa, pero a veces fracasan. Las drásticas convulsiones del mercado en 2008, por ejemplo, se derivaron de modelos incorrectos que restaron importancia a la complejidad —y el riesgo— de los créditos inmobiliarios.

A pesar de tales tropiezos, los Numerati de hoy siguen adelante, con la mira puesta en nosotros. Ya están empleando nuestros datos en modelos predictivos, y apenas es el comienzo. En la próxima década, cada uno de nosotros generará, a menudo sin saberlo, modelos propios en casi todos los aspectos de la vida. Nos moldearán como empleados, pacientes, soldados, amantes, consumidores y electores. En estos primeros días, muchos modelos todavía son primitivos y nos hacen parecer figuras de palo. La meta final, sin embargo, es producir versiones de seres humanos tan complejas como nosotros, cada una única. Al ver reunidos todos esos esfuerzos, presenciaremos —y experimentaremos— cómo se realiza un modelo matemático de la humanidad. Augura ser una de las grandes empresas del siglo XXI. Su alcance será tal que incluirá una buena parte del mundo físico a medida que los matemáticos pongan las manos sobre nuevos cúmulos de datos, desde constelaciones de sensores atmosféricos hasta las imágenes de millones de cámaras de seguridad. De esta manera, cobra forma un mundo paralelo, un laboratorio para la innovación y el descubrimiento integrado por números, vectores y algoritmos. Tú y yo seremos parte de él.

¿Qué sabrán de nosotros los Numerati conforme nos conviertan en vertiginosas combinaciones de números? Primero tendrán que dar con nosotros. Supongamos que vives en los suburbios del norte de Nueva York y eres un comprador potencial de camionetas SUV, o que eres un demócrata creyente que se opone al aborto en Albuquerque. O bien, que eres un programador de Java listo para mudarte a Hyderabad, o un amante del jazz y del Chianti que gusta de disfrutarlos junto a la chimenea en Estocolmo. Dios nos libre, pero tal vez estás planeando colocarte bombas en la cintura y subir a un autobús. Seas lo que seas —y cada uno de nosotros somos muchas cosas—, compañías y gobiernos quieren identificarte y localizarte. Considera que Google se convirtió en una sensación multimillonaria al ayudarnos a encontrar la página de Internet acertada. ¿Cuán más apreciado será, en todas las industrias imaginables, hallar a la persona indicada? Esta información vale una fortuna, y los datos personales que soltamos abren incontables caminos que llegan justo a nuestra puerta. Aunque no menciones tu nombre, encontrarte es pan comido. Un estudio de la Universidad Carnegie Mellon acaba de demostrar que simplemente revelando género, fecha de nacimiento y código postal podría identificarse por su nombre al 87 por ciento de la población de Estados Unidos.

Los Numerati también desean modificar nuestros hábitos. Si vamos de compras, nos instan a comprar más. Están decididos a aumentar nuestra productividad en el trabajo. Como pacientes, nos quieren más sanos y baratos. Algunas compañías como IBM y Amazon están experimentando y construyendo modelos preliminares de todos nosotros que les permitan predecir nuestra conducta. Pueden simular cambios en una tienda u oficina para ver cómo reaccionaríamos. Y quizá diseñen, con base en cálculos matemáticos, estrategias para elevar nuestro rendimiento. ¿Cuál sería la respuesta de consumidores como tú a un descuento de cien dólares en cámaras Nikon? ¿Cuánto más productivo serías en la oficina si recibieras un curso de Excel que vale seiscientos dólares? ¿Qué harían tus colegas si la compañía eliminara sus puestos de trabajo o los enviara a Bangalore? Los Numerati pondrán nuestros modelos en todos los escenarios posibles. Probarán en nosotros diferentes medicinas o anuncios publicitarios. Verán cómo responderíamos a nuevos ejercicios o a una transferencia laboral a una oficina remota. No es necesario que participemos, ni siquiera que sepamos que nuestros fantasmas matemáticos sirven día y noche como ratas de laboratorio. Recibiremos los resultados de dichos estudios —el curso óptimo— en forma de sugerencias útiles, prescripciones u órdenes.

El creciente mundo de los datos, como veremos, es un laboratorio gigantesco de la conducta humana, un banco de pruebas para las ciencias sociales, el comportamiento económico y la psicología. Los investigadores de firmas como Microsoft y Yahoo están contratando afanosamente a científicos de campos tan diversos como la medicina y la lingüística para que los ayuden a procesar los fragmentos de nuestra vida que reciben a manos llenas. Estos torrentes de datos digitales no reconocen antiguas fronteras; están definidos por algoritmos, no por disciplinas. Quizá tiendan a la fecundación cruzada, lo cual significa que psicólogos, economistas, biólogos y científicos de la computación podrían colaborar como nunca antes, cerniendo incontables detalles de nuestra vida para buscar respuestas. Jack Einhorn, jefe del departamento científico de la nueva compañía mediática Inform Technologies, de Nueva York, vaticina que los grandes descubrimientos del siglo XXI provendrán del hallazgo de pautas y modelos en vastos archivos de datos. «El siguiente Jonas Salk será un matemático», dice, «no un médico».

Estamos en pleno verano y el tráfico de Manhattan está paralizado. Cuando llego al bistró francés en Chelsea, Dave Morgan ya ocupa una mesa junto a una ventana abierta y revisa el correo electrónico en su Treo. Parece distraído mientras comemos y de vez en cuando le echa un vistazo al teléfono, que suena justo cuando el mesero nos entrega las cartas de postres. Morgan lo toma, se disculpa y sale aprisa al calor del verano. Desde mi asiento, junto a la ventana, lo veo atravesar en diagonal la calle y llegar a la distante acera.

No vuelvo a verlo sino hasta octubre. Ha dejado las oficinas de Tacoda en la Séptima Avenida y acaba de instalarse en las de AOL, desde donde se puede ver la pista de patinaje del Rockefeller Center. Nos encontramos en la puerta de lo que él mismo llama 75 Rock y nos dirigimos a un café. Me cuenta que, aquel día en que estábamos comiendo, sus socios y él aceptaron vender Tacoda a AOL. (Se dice que la negociación fue de doscientos setenta y cinco millones de dólares. Cabe señalar que los Numerati suelen ganar mucho dinero.) Morgan trabaja, al menos por lo pronto, como alto ejecutivo de publicidad en AOL. Claro que no necesita el sueldo que recibe. Sin embargo, dice que se siente tentado a quedarse. Aprovechando los recursos de AOL y sus millones de usuarios, agrega, podría saber aún más sobre los internautas y apuntar hacia nosotros con mayor precisión. «Es un proceso largo», afirma. «Esto es sólo el comienzo.»

Le menciono la correlación de la que me habló hace tiempo, aquélla entre los aficionados a las películas de amor y el anuncio de Alamo Rent A Car. Tarda un momento en recordarla. «Ah, sí. Fue nada más una casualidad.» Le pregunto si sus investigadores le encontraron una explicación. Asiente con la cabeza. «Tenía que ver con los fines de semana.» Relata que los anuncios de Alamo promovían «escapadas» que llamaron la atención de los internautas. Los aficionados a las películas de amor reservaban esas rentas de placer principalmente para fines de semana. Tal vez querían recrear las escenas del cine que los cautivaban. Las rentas entre semana aparentemente no les interesaban.

Esto le da una nueva perspectiva a Morgan, que toma en cuenta no sólo quiénes somos, sino también cómo sentimos. Dice que, sin duda, muchos aficionados a las películas de amor rentan autos por cuestiones laborales. Pero luego de leer la reseña de la película de velas y besos más reciente, desean fugarse al Napa Valley o a Nantucket. El trabajo no es la cuestión, al menos por ahora. El reto es identificar no sólo nuestros gustos y preferencias, sino nuestros cambios emocionales. «Si lo meditas bien», continúa él, «las películas y la música que la gente elige al hacer clic nos dicen mucho sobre su estado de ánimo en ese momento. ¿Es feliz? ¿Está pensativa?» Morgan considera el tesoro de mensajes anímicos que enviamos a través del teléfono celular. Ésta es una nueva frontera y una potencial mina de oro de datos sobre la conducta. Luego me habla de las posibilidades publicitarias de los sitios *web* de música, incluido el de AOL, en los que pueden vernos hacer clic en canciones alegres, tristes o inspiradoras.

No estoy tan seguro de eso. Argumento que, si hago clic en una canción alegre, tal vez lo único que busco es levantar el ánimo. Morgan se encoge de hombros. No lo sabrá antes de investigar más. Es decir, debe recopilar más datos nuestros y poner más números a prueba. Esa sola expectativa le arranca una sonrisa. Afuera está oscureciendo y la lluvia dispersa a la gente que se encuentra en el Rockefeller Center. De regreso a su laboratorio conductual en 75 Rock, Dave Morgan se cubre la cabeza con las manos y echa a correr.

1

EL EMPLEADO

Es la hora pico en Nueva York. Me compro un café en el puesto de Hank, en la Calle 47, que me cuesta un dólar con veinticinco centavos; entro al elevador de un rascacielos en el corazón de la ciudad y me desplazo a las alturas. Antes había una enorme pila de *Wall Street Journals* en la recepción, uno para cada uno de nosotros, pero ya no. Nos han pedido leer el periódico en línea, así que otra parte de nuestro trabajo se traslada a la computadora.

Le quito la tapa al café. Entro a Yahoo, leo mi correo personal y de paso respondo un mensaje electrónico de mi hermana. Luego le echo un ojo a la sección de beisbol de los periódicos de Filadelfia. Apalearon a los Filis… Son las diez de la mañana; del café sólo queda una mancha en el fondo del vaso y yo apenas empiezo con el *Wall Street Journal* en línea. O mejor no.

Desde siempre, los empleados de oficina hemos tenido pequeñas y agradables rutinas dilatorias, lo que no ha perjudicado mucho. Otros trabajadores no han sido tan afortunados. Hace un siglo llegaban a las fábricas hombres con cuadernos y cronómetros y empezaban a tomar el tiempo a los obreros. Convirtieron la producción industrial en una ciencia, que llegó a su apogeo en las plantas automovilísticas japonesas. Éstas perfeccionaron el control estadístico de la calidad, y hoy pueden analizar cada pistola pulverizadora, cada horno y, por extensión, a cada trabajador, minuto a minuto. Si por cualquiera de estos elementos se pierde el paso, pueden ajustarlo en el acto. En contraste, muchos despistados oficinistas disfrutamos de una privacidad enorme. A menos que ronquemos más fuerte que de costumbre cuando el jefe pasa por nuestro cubículo, nuestros hábitos de trabajo siguen siendo un pequeño secreto. Se nos evalúa por los resultados, no por el proceso. Serás el mejor si vendes una casa, ganas un juicio o impresionas al jefe con el mejor *software*.

No obstante, las cosas están cambiando. En la última década, gran parte de nuestro trabajo ya no se acumula en los montones de papeles sobre nuestro escritorio, ni en los cuadernos, periódicos o *post-its* pegados en la puerta. Ahora se encuentra precisamente en la computadora, que se conecta a una red. Estamos atados a un compañero de trabajo equipado con una memoria fenomenal, una misteriosa noción del tiempo y ninguna lealtad para con nosotros. Trabaja para el jefe, quien puede medir nuestros esfuerzos sin necesidad de cuaderno o cronómetro. La computadora nos delatará, exponiendo cada uno de nuestros secretos en línea sin un nanosegundo de vacilación ni arrepentimiento. En el trabajo, quizá más que en cualquier otra parte, estamos en peligro de convertirnos en vasallos de los datos, esclavos de la información que producimos. Cada teclazo en la oficina ahora se puede registrar y analizar matemáticamente. No somos sus dueños. Si nuestros jefes quisieran, podrían pedir que se elaborara una gráfica de mensajes de correo electrónico de cada uno de nosotros. Esa gráfica exhibiría las palabras que escribimos con mayor frecuencia, con tamaños de letra proporcionalmente más grandes. Sólo te quedaría pedirle al cielo que las palabras «película» o «cerveza» no predominaran más que los nombres de las medicinas que vendes o las acciones que recomiendas. ¿La versión en línea del *Wall Street Journal*? El jefe puede saber qué artículos leemos. También puede comprar *software* que identifique a las personas con las que nos comunicamos: nuestras redes sociales. A partir de ahí, puede sacar firmes conclusiones sobre nuestra productividad, satisfacción laboral y relaciones con el equipo de trabajo. A todo esto, ¿cómo eres tú? En 2006, Microsoft solicitó la patente de una tecnología que vigila el ritmo cardiaco, la presión arterial, la reacción galvánica cutánea y las expresiones faciales de los empleados de oficina. La idea es que los gerentes reciban alertas si sus subordinados experimentan intensa frustración o estrés. Esos sistemas se hallan en las primeras etapas de investigación. Pero, aun con la tecnología actual, si tu compañía no examina tus pautas de conducta en el teclado, es sólo porque no quiere o no ha tenido tiempo de hacerlo.

¿Por qué las compañías querrían inmiscuirse de esa manera? Simplemente, para aumentar nuestra productividad. Durante siglos se concentraron en los resultados porque, como los anunciantes que hoy se precipitan a las oficinas de Tacoda de Dave Morgan, no contaban con los medios necesarios para revisar y desmenuzar lo que en verdad hacemos. Esos instrumentos ya están disponibles. ¿Acaso las compañías no tienen una responsabilidad con sus accionistas, y por lo tanto deben usar tales herramientas para elevar la productividad y las utilidades? Así lo ven.

Ahora que examino el trabajo a través de los resueltos ojos de las compañías, ya siento un asomo de nostalgia por los momentos de ocio y las despilfarradoras rutinas que iluminaron mis días. Sentado en mi oficina del piso cuarenta y tres, entro a YouTube y hago clic en Morphing Plug, un absurdo video de un perro animado que baila y canta una canción ridícula. Me pregunto qué les diría de mí a mis jefes esta inversión de cuarenta y cinco segundos en el más absoluto de los sinsentidos. ¿Existe una correlación entre los espectadores de Morphing Pug y los periodistas que han recibido premios? Lo dudo. Pero sólo es cuestión de tiempo que los directivos se pongan a registrar conductas como ésa. La idea misma me llena de tanto pesar que vuelvo a hacer clic en el video, no tanto para reírme del perro como para entregarme a la libertad que representa dentro del trabajo.

Una mañana, a finales de primavera, atravieso en mi auto el puente Tappan Zee, sobre la vasta extensión del río Hudson. Luego doblo a la izquierda, lejos de la ciudad de Nueva York, y me enfilo hacia los bosques del condado de Westchester, rumbo a las oficinas del Centro de Investigación Thomas J. Watson de IBM, que se alza como una fortaleza en la cima de una colina, con su larga y curva pared de cristal que refleja las nubes. Tengo una cita ahí con Samer Takriti, el matemático de origen sirio que me lanzó a este proyecto. Hace tiempo me contó cómo su equipo elaboraba modelos matemáticos de miles de consultores tecnológicos de IBM. La idea, dijo, era armar inventarios de todas sus habilidades y después calcular matemáticamente cómo hacer un uso óptimo de ellas. Después de aquella charla quedé convencido de que, si Takriti podía modelar a las personas como empleados, en definitiva todos podríamos ser modelados como consumidores y pacientes; en suma, abarcarían todas nuestras actividades como seres humanos. Ahora estoy de regreso para indagar cómo planean Takriti y su equipo convertir en números a los trabajadores de IBM, y qué harán con ellos (y con nosotros) si lo logran.

Takriti, un hombre delgado de cuarenta años de edad, de ojos grandes y lánguidos, abre la puerta de su pequeña oficina. Lleva puesta una camisa de *rugby* metida en un pantalón azul de vaquero. Está hablando por teléfono, pero me hace señas de que entre. En una pared de su oficina, que no tiene ventanas, hay un pizarrón blanco lleno de cálculos matemáticos que no entiendo. Takriti apenas habla en su llamada, y sólo dice: «Ajá, ajá». Miro la otra pared, que muestra una red eléctrica de Nueva York y Pensilvania. Éste es una reminiscencia de su vida anterior, cuando usaba las matemáticas para modelar piezas de la antigua economía, como fábricas de acero y plantas de energía eléctrica. Cuenta la historia, me dice Takriti después de colgar, que los primeros Takriti eran guerreros que abandonaron la cuidad natal de Saddam Hussein, Tikrit, en Irak. Esa rama de su familia se asentó en Siria. Siendo un brillante alumno de ingeniería en Damasco, Takriti obtuvo una beca a mediados de la década de los ochenta para estudiar en la Universidad de Michigan. Lo apasionaron las matemáticas. En 1996, ya con un doctorado en su haber, consiguió empleo en el legendario Centro de Investigación Watson de IBM, situado a media hora en auto al norte de la ciudad de Nueva York. Así fue como este descendiente de los guerreros de Tikrit empezó a codearse con los dioses de las matemáticas.

La especialidad de Takriti era el análisis estocástico, es decir, las matemáticas que intentan asociar predicciones con sucesos aleatorios. Supongamos que en Tucson llueve de cero a seis veces al mes, y que únicamente tres veces a la semana oyes el pronóstico del tiempo, el cual ha acertado en diecinueve ocasiones en los últimos veinte días. Una de tus tres chamarras es de gamuza. ¿Cuál es la probabilidad de que se empape mañana? Imagina la misma pregunta con mil variables; ése es el mundo estocástico.

Hace una generación, un grupo de genios de las matemáticas encabezados por Myron Scholes y Fischer Black se concentraron en la probabilidad en las finanzas, ámbito en el que calcularon el riesgo y le pusieron precio. Esto dio como resultado toda una serie de nuevos productos financieros, desde opciones hasta estrategias de cobertura. Fue una revolución matemática en Wall Street. Los matemáticos remplazaron las corazonadas por la ciencia. Takriti dice que, cuando llegó a IBM, muchos de esos mismos instrumentos matemáticos se adaptaban a otras industrias.

Una de ellas era la energética. A Takriti no le gusta contarlo, pero en 1999 abandonó IBM para irse a Houston a trabajar para Enron, que en ese entonces no sólo concebía el fraude corporativo que la llevaría a la ruina. También conducía un laboratorio matemático de clase mundial. El planeta entero, desde la perspectiva de Enron (y como pronto quedaría contundentemente demostrado), estaba sumido en la incertidumbre. Había billones de dólares en riesgo. En un clima que se comparaba a un mercado desordenado, por ejemplo, los parques temáticos apostaban al sol, y los agricultores, a la lluvia. El equipo matemático de Enron podía calcular los riesgos del clima, y desarrollar índices y opciones financieras para los frentes fríos y los días calurosos. Todo mundo podría protegerse del clima, y Enron convertiría su investigación en un negocio. Contando con matemáticos suficientes, parecía que a la larga cada elemento arriesgado del mundo podía cuantificarse, modelarse y convertirse en instrumento financiero.

Los bonos de Takriti subieron en Enron. A finales de 2000,

IBM le ofreció el principal puesto en análisis estocástico. Takriti dio el salto. Resulta que se fue de Houston apenas un año antes del derrumbe de Enron. Su nuevo enfoque en IBM sería tan difícil de cuantificar y predecir como las inundaciones repentinas en el desierto de Mojave o la inminente ruina corporativa en Houston. Su tarea sería crear modelos de trabajadores humanos.

Le digo a Takriti que no me parece muy divertido que a uno lo modelen. Me imagino a un jefe omnisciente que prevé cada uno de mis movimientos y que me envía un mensaje electrónico con un simple «¡No!» antes siquiera de que yo me arme de valor para pedirle un aumento. Pero Takriti se fija en lo positivo. «Considera que tu jefe a lo mejor reconoce por fin tus fortalezas», me dice, «las que tal vez ni tú mismo conozcas». Luego entonces, «te da las condiciones para que prosperes».

Si tu desempeño es excelente, a la larga las compañías podrían usar tu modelo matemático como una especie de ADN laboral. Y podrían usarlo, en cierto sentido, para clonarte. Supongamos, dice Aleksandra Mojsilovic, una de las modeladoras de Takriti, que una compañía tiene un trabajador muy valioso llamado Juan Pérez. Podría contratar a otros dos o tres iguales a él, o incluso a una docena. Una vez que la compañía elabora amplios perfiles matemáticos de sus empleados, no le resultaría muy difícil filtrarlos para identificar las experiencias o los hábitos que explican la excelencia de Juan Pérez. «Si dispusieras del expediente laboral íntegro de Juan Pérez, podrías calcular los pasos necesarios para ser como él», añade Mojsilovic. Por supuesto, en gran medida esto requeriría programas de capacitación, no manipulación genética. Y el verdadero Juan Pérez podría tener agudeza intuitiva u olfato para el diseño, por ejemplo, que sencillamente sería imposible duplicar. «No estoy diciendo que puedas reproducir a un científico, pintor o músico», explica Mojsilovic. «Pero hay muchos roles laborales que en realidad son como mercancías estándar.» Y si ocurriera que la gente no estuviera diseñada de manera eficiente para los trabajos que desempeña, se le reconfiguraría primero matemáticamente y luego en el mundo físico.

Cuando Samer Takriti se sienta a definir a uno de sus colegas con símbolos, recurre a la orientación de economistas e ingenieros industriales, que han modelado sistemas complejos durante décadas. En términos económicos, Takriti nos considera componentes de un mercado de trabajo. Nuestro valor aumenta y disminuye con la demanda. En este sentido, encajamos en las ecuaciones financieras desarrolladas en Wall Street. Y cuando alguien nos contrata, ¿qué hacemos? Trabajamos con colegas para producir cosas y crear valor. Así, reducidos a números, compartimos al menos algunas propiedades matemáticas con los componentes que todos los días se descargan en la inmensa fábrica de microprocesadores de IBM que se localiza en el poblado de Fishkill, Nueva York. Vistos de cierta manera, somos acciones. Si cambiamos la perspectiva, nos volvemos componentes de máquinas.

Claro que esto no es del todo justo. Somos más, mucho más que acciones y componentes. Takriti es el primero en admitirlo. Precisamente porque somos tan diferentes —tan difíciles de predecir—, Takriti necesita un equipo de cuarenta expertos con doctorado, desde aquellos que recopilan datos hasta lingüistas, a fin de descifrar nuestra conducta y nuestros rasgos. Estos investigadores clasifican lo que encuentran —los gestos y las habilidades que nos pertenecen— en símbolos que una computadora puede procesar. «Todo debe convertirse en números», dice Takriti.

Uno de los retos de Takriti es ayudar a IBM a desarrollar una taxonomía de las habilidades de sus trescientos mil empleados. En su balance general, IBM considera el valor de muchos otros activos, desde supercomputadoras hasta sillas de escritorio giratorias Aeron. Cuando sus estrategas discuten si deben vender una división o invertir más dinero en ella, estudian minuciosamente las cifras. Trazan escenarios rosas y grises. Hacen cuentas.

Pero ¿cómo «hacen cuentas» sobre ti y sobre mí? En efecto, saben cuánto costamos. Todo lo que se cuenta en dinero encaja impecablemente en sus ecuaciones. Y ¿qué obtienen a cambio de ese dinero? ¿Cómo puede medirse eso? ¿Cuál es nuestro potencial? ¿Habrá exceso de personas como nosotros en los próximos años? ¿Escasez? Los planificadores quieren respuestas, y a fin de realizar sus cálculos tienen que convertirnos en algo que, como los instrumentos financieros, pueda medirse a lo largo del tiempo. Pongamos por caso a un trabajador común en una industria que marcha a su ritmo habitual. A riesgo de parecer insensibles, asignemos a este trabajador imaginario un rango basado en su valor actual. Digamos C. Si la industria crece y se necesita más mano de obra, el valor de nuestro trabajador aumenta, tal vez a C+ o incluso a B. Ocurre lo mismo si adquiere nuevas habilidades o produce más. Aumentan sus bonos. Pero si la industria cae en recesión y las compañías cierran operaciones, nuestro trabajador se ve de pronto en un mercado excedente. Sus bonos se desploman, hasta una D, o incluso una F. Todos conocemos muy bien esta dinámica. A los obreros se les contrata en tiempos de auge y se les despide en las crisis. A menudo, sin embargo, este proceso tiene poco que ver con el valor de un trabajador. En algunas compañías, los últimos empleados contratados son los primeros en ser despedidos. Así premian la longevidad, no el valor. A veces son los empleados simpáticos los que sobreviven, o los que tienen influencias. Éstos son parámetros que un hombre de las cavernas podría entender. El plan de los Numerati es totalmente distinto. ¿Cómo calcularán nuestro valor? ¿Cómo nos convertirán en instrumentos financieros cuantificables?

El primer paso es dividirnos en pequeñas piezas. Es decir, las características que compartimos con otros, nuestros fragmentos que pueden convertirse en columnas y números asignados. Las computadoras, después de todo, aún son incapaces de apreciarnos como las integradas y complejas bestias que describió León Tolstoi. Podrías tener la sonrisa más hermosa sobre la Tierra y una excelente relación con tus compañeros. O tal vez seas vil, o huelas a cebolla. No hay lugar, al menos en las primeras versiones de la base de datos de los empleados de IBM, para esos detalles personales, aunque algunos sean cruciales. Podrían revelar a quien eres en realidad. Pero esa base de datos nos toma principalmente como una recopilación de datos curriculares, desde los puestos que hemos tenido hasta si dominamos el lenguaje C++ de computación o hablamos chino.

Esto es patéticamente superficial. Considera lo que ocurre

cuando te sientas con cinco colegas en una oficina a, digamos, negociar una nueva campaña de mercadotecnia. Ésta es la vida en el
mundo analógico. Tu cerebro, con mucho la «computadora» más
sofisticada que se conozca en el universo, procesa una asombrosa
variedad de datos. Percibe una nariz arrugada, una mirada de soslayo, un dejo de sarcasmo, un destello de desdén. Reúne olores y
sonidos, y los asocia con recuerdos y lecciones del pasado. Suma
tú todas las palabras y miradas y gestos; tu cerebro recoge miles,
o aun millones, de las señales que surgen de esos cinco colegas. En
su libro *Strangers to Ourselves* [Extraños para nosotros mismos],
Timothy Wilson, de la Universidad de Virginia, señala que mientras nos llegan torrentes de datos de los cinco sentidos, el cerebro
lidia con más de once millones de piezas separadas de información
por segundo. Las computadoras de hoy son incapaces de manejar
tal complejidad. El sistema matemático de IBM puede escudriñar
apenas cinco o diez datos puntuales de cada uno de nosotros. Yo
he tenido perros que cavan más hondo en la naturaleza humana.
Sin embargo, una vez que se nos representa como fragmentos matemáticos, la máquina es capaz de hacer algo sobrehumano. Puede mezclarnos y asociarnos en una fracción de segundo con un
millón, o cien millones, de otras personas. Esta escala augura nuevas eficacias e ideas.

Imagina qué podrán hacer los planificadores de IBM una vez
que todos sus trabajadores sean clasificados de acuerdo con sus
habilidades. Les empezarán a adjudicar números aún más detallados, justo como lo hacen con otras inversiones. Intentarán calcular el rendimiento financiero de cada categoría de puestos y de
cada habilidad, no importa que se trate de programadores de Java
o de gerentes. Compararán la productividad con creciente detalle,
trabajador por trabajador, región por región. Esto les ayudará a
decidir qué labores enviar a otro lugar. Y podrán medir la productividad con base en docenas de criterios. ¿Qué tan productivos
son los trabajadores de tu categoría al llegar a los cuarenta y cinco, cincuenta y sesenta años de edad? Una vez que tenga esos números, la compañía podría calcular el valor presente de sus trabajadores… y su valor futuro.

Habrá que acostumbrarse a eso. Hasta la fecha, hemos manejado nuestras relaciones humanas en una economía anticuada, carente en alto grado de números y parámetros. En gran medida, ya sea que busquemos un favor o incluso una pareja, hemos recurrido al trueque: aquí está lo que te daré, he aquí lo que quiero a cambio. Nada que medir, poco que contar. Durante siglos, el comercio funcionó de esa manera. ¿No me darás esas dos cabras por esta mesa? ¿Y si añado un martillo? Es un proceso ineficiente. Cada trueque exige más regateo. Los valores fluctúan. No es de sorprender entonces que el trueque haya desaparecido tan pronto como las sociedades dieron con un símbolo numérico de valor: el dinero. Éste fue un triunfo de los primeros Numerati. Proporcionó un instrumento matemático para contar, calcular y comparar toda una gama de cosas diferentes. Y esto llevó finalmente a la expansión comercial, los mercados globales, los números que brillan en las pantallas de cristal líquido de la Bolsa de Valores de Tokio. Ahora, Takriti y su equipo nos convierten en símbolos para que podamos ocupar nuestro lugar en los nuevos mercados humanos.

Así como los corredores de bolsa administran carteras de bonos basura o acciones bursátiles emergentes, los Numerati nos meten en carteras de personas. Esto sucede en todas las industrias. Alamo Rent A Car, por ejemplo, le compra a Tacoda una cartera de aficionados a las películas de amor y luego compara su rendimiento con otras carteras. Si Takriti y su equipo logran reducir la fuerza de trabajo de IBM a una cartera razonable de habilidades —algo que una computadora pueda entender—, esa compañía podría utilizar pronto a sus empleados a la manera en que administra sus inversiones financieras. Esto es justo lo que Takriti tiene en mente.

Durante años, ése ha sido el caso en el beisbol. En mi librero tengo una enciclopedia enorme que contiene estadísticas de cada jugador de las Grandes Ligas desde la década de 1880. Ahora, sin embargo, los Numerati del beisbol cortan los datos en rebanadas y cubitos casi tan rápido como los *quants* (es decir, analistas cuantitativos) de Wall Street. Idean un nuevo parámetro: nuevas maneras de modelar matemáticamente a los jugadores. Una estadística novedosa se llama WARP *(Wins Above Replacement Player)*, «victorias por encima de un jugador de remplazo». En un sitio de *quants* titulado Baseball Prospective (Prospectiva del beisbol), veo un perfil de Carlos Beltrán, el estupendo bateador ambidiestro que cuida el jardín central de los Mets de Nueva York. A finales de 2004, Beltrán firmó un contrato de siete años por ciento veinte millones de dólares, un promedio de dieciocho millones al año. Luego de una sobresaliente temporada en 2006, su WARP se mantuvo en 10.6. Esto significa que si los Mets lo cambiaran por un jugador estándar que ganara la risible suma de medio millón de dólares al año, el equipo ganaría casi once partidos menos en una temporada de ciento sesenta y dos. Cada victoria adicional, según estos números, costaría a los Mets 1.62 millones de dólares, un precio permisible para un equipo adinerado de Nueva York. Pero, ¿el WARP de Beltrán será tan alto en 2010, cuando él sea un veterano de treinta y tres años? Lamentablemente, Baseball Prospective advierte que no. Predice que el WARP de Beltrán para finales de la década descenderá a 3.6 y que él valdrá sólo 5.8 millones de dólares, mucho menos de lo que ganará.

¿Es correcto este cálculo? Es lo que todos nos preguntamos. ¿El WARP toma en cuenta los imponderables de Beltrán, todas sus cualidades incalculables: los útiles consejos de bateo que le da a un novato, o la forma en que distrae al pítcher del equipo con sus movimientos fuera de la primera base? En otras palabras, ¿los números reflejan la realidad en toda su complejidad? A menudo se quedan cortos, aun en el reino del beisbol, con todo y su exuberancia estadística. Si se eligen los números equivocados, podrían mentir; esto no es ningún secreto. Pero intenta explicárselo a tu jefe cuando tus números se desplomen.

Le confieso a Takriti que la perspectiva de que me califiquen como a Carlos Beltrán me inquieta un poco. He descubierto que es agradable vivir y trabajar fuera de la base de datos, en la brumosa economía del trueque. Cierto, eso es un verdadero dolor de cabeza para los planificadores. Pero el vasto universo puede ser un rincón indulgente. Sonrisas, amistades y comentarios ingeniosos, todo cuenta ahí; tal vez una pizca de seguridad laboral, o incluso un aumento. Quienes laboran en un lugar de trabajo cuantificado están solos, y lo más probable es que suban o bajen con sus números. Muy pocos tenemos contratos de siete años como Carlos Beltrán. Y para esas masas cuantificadas, la seguridad del rebaño se desvanece. Después de todo, cada empleado perezoso o incompetente que sobrevive en el centro de trabajo tras una evaluación matemática representa una ineficiencia del mercado. Una vez tomadas sus medidas, teóricamente esos trabajadores bajarán de valor o se les descartará, justo como ocurre con las acciones de bajo rendimiento.

¿Crees poder sortear la vida en una cartera de trabajadores? Podría ser lo mejor que te haya sucedido jamás. Algunas acciones se elevan hasta las nubes, y ciertos empleados también. Pero que nos incluyan en una cartera es sólo el principio. Takriti y su equipo ya trabajan en la etapa siguiente, en la cual nos estudiarán e interpretarán con mucho mayor detalle.

Una mañana de noviembre de 2006, el presidente de IBM, Sam Palmisano, subió a un podio en la Ciudad Prohibida, en el corazón de Beijing, pues debía hacer un anuncio. Iba de traje y llevaba puestos sus típicos anteojos de carey. Sin embargo, mientras se dirigía al podio, algo en él parecía irreal, como de dibujo animado. Y es que no era el Palmisano de verdad, sino una figura electrónica que lo representaba. La Ciudad Prohibida que visitaba también era una simulación digital. Los técnicos de IBM la habían construido y montado en una sede virtual llamada Segunda Vida. Los periodistas que querían oír el anuncio de Palmisano se quejaron de dicha sede durante semanas, ya que tenían que inscribirse en Segunda Vida y asistir como figuras electrónicas.

Al plantar la bandera azul de IBM en un mundo simulado, Palmisano sentó el futuro de la compañía. En todo el mundo, muchos ingenieros ya recurren a simulaciones por computadora para diseñar turbinas eléctricas y mejorar el tránsito en las grandes ciudades. IBM prevé que algún día se simularán por entero procesos de negocios. Imagina a gerentes que toman las palancas de mando para probar nuevos métodos industriales y afinar operaciones como si estuvieran jugando su propia versión del videojuego The Sims. Si Takriti y su equipo cumplen su siguiente misión, las figuras electrónicas en la pantalla serán los modelos matemáticos de trabajadores de IBM.

Este proceso apenas está arrancando, pero Takriti ya añora los viejos tiempos, cuando lo que se modelaba eran máquinas. Son más simples; no engañan; no pelean, ni protestan; no se hacen alcohólicas ni se deprimen. Tampoco se les ocurren ideas geniales o revolucionadoras. Takriti se detiene un momento en la exasperante aleatoriedad de los seres humanos.

Lo interrumpo para cuestionarlo sobre el proceso matemático que todo esto implica. Señalo el pizarrón blanco atiborrado de fórmulas y anotaciones, algunas de las cuales serpentean de arriba a abajo para dejar espacio a otras. «¿En qué están trabajando aquí?» (Algunas de esas anotaciones son nuevas para mí.)

Takriti se encoge de hombros. Como muchos otros Numerati, le resta importancia a la complejidad de fórmulas que garabatea con la mano en la cintura. Rechaza la idea de que él y sus colegas extraen sus algoritmos y ecuaciones de una caja mágica, si bien parte de esto es modestia. Takriti también está convencido de que aun el cálculo estocástico sería claro para los ajenos al tema si nos sentáramos y prestáramos atención. Empieza a explicarme una de las fórmulas, pero se detiene para decir que los difíciles de entender somos los seres humanos. «Las matemáticas son la parte fácil.»

Los investigadores de IBM llevan décadas transformando en matemáticas porciones cada vez mayores de las actividades de la compañía. La ciencia que usan, conocida como investigación de operaciones, nació durante la Segunda Guerra Mundial. En esa época, unos submarinos alemanes, los U-boats, atacaban convoyes y hundían una gran cantidad de barcos. ¿Cómo debían desplegarse los convoyes —se les preguntó a los matemáticos— para minimizar el daño? ¿Era mejor que viajaran en grupos grandes, escoltados por muchos destructores? ¿O grupos pequeños, más difíciles de localizar para los U-boats?

Los magos del Grupo de Investigación de Operaciones de Guerra Antisubmarina de Estados Unidos (ASWORG, por sus siglas en inglés) hicieron representaciones matemáticas de los convoyes. Eran modelos en cuya elaboración se tomó en cuenta una serie de restricciones, de condiciones impuestas por la realidad. Los barcos no podían desplazarse más allá de cierta velocidad, por ejemplo, y debían transportar alimentos y combustible suficientes para llegar a su destino. Tenían que evitar los icebergs. Los matemáticos también contaban con estadísticas de los U-boats: el tamaño de la flota, el alcance de los submarinos, lo mortífero de sus misiles. Con base en esta información, fueron capaces de modelar la guerra naval. Cada navío se asoció con otros a través de números, mediante la probabilidad de que le ocurriera algo bueno, malo o que no ocurriera nada. Estas flotas del Atlántico Norte existían en ese modelo como una red de relaciones estadísticas. A medida que los investigadores jugaban con la flota en el modelo, las probabilidades cambiaban. El equipo de ASWORG concluyó entonces que los convoyes numerosos con grandes escoltas eran significativamente más seguros. Determinó a qué profundidad debían apuntar sus baterías para causar el mayor daño a los submarinos enemigos. Cuando la Armada de Estados Unidos puso en práctica las fórmulas, disminuyó la destrucción de los barcos, que ya podían llegar a Gran Bretaña. Al final de la guerra, los matemáticos usaban métodos similares para aumentar la eficacia de defensas antiaéreas y depósitos de combustible.

Takriti está hablándome de uno de los gigantes de este campo, George Dantzig, cuando de pronto se pone de pie, baja de lo alto de un anaquel un libro de texto enorme y se pone a hojearlo. «Dantzig hizo las matemáticas del matrimonio», me dice. «Tal vez sea algo que puedas usar en tu capítulo sobre el noviazgo.» Me entero que Dantzig tomó como variables a muchas parejas sexuales e intentó demostrar que la monogamia —al menos desde la ecuánime perspectiva de un investigador de operaciones— rendía mejores resultados que la poligamia. Takriti no encuentra los detalles en el libro; me dice que tal vez yo pueda hallarlos en Internet, lo que es fácil de hacer. Considero justo señalar que el estudio de

Dantzig, si bien fascinante para los Numerati, en gran medida dejó intacta la institución del matrimonio.

Más allá de la relación conyugal, todos los días es palpable en nosotros la influencia de Dantzig. En 1947, este matemático —que estudió en Berkeley— dio con el llamado algoritmo símplex. Un algoritmo no es más que una receta, una serie ordenada de comandos. Aquélla era una receta para guiar la toma inteligente de decisiones. Si los agricultores querían saber qué tipo de semilla debían sembrar en un suelo en particular, o si los acereros se preguntaban si debían transportar el carbón en camiones o barcos, los investigadores de operaciones tenían las respuestas. Sólo necesitaban los números, las restricciones y la meta. Usando el algoritmo de Dantzig, podían hallar el punto en que el objetivo, sin importar que implicara dólares o toneladas, llegaba a su cenit, su punto óptimo. Luego, trabajando en retroceso, calculaban cómo dar con ese resultado. Conocido como optimización, este proceso guía la logística, la planeación y el diseño de redes en gran parte del mundo moderno. Si quieres volar de Los Ángeles a Nueva York, el programa de optimización de Travelocity revisa como de rayo diez mil posibles rutas y encuentra la más idónea para ti y la que le rendirá más dinero a la firma y a sus socios (las ganancias son una de las restricciones del programa). Los planificadores militares optimizan las rutas de helicópteros sobre centros de insurgentes en Irak. Y cuando haces una llamada en tu teléfono celular, un programa de optimización elige la mejor ruta de torres para transmitir la señal.

Mientras Dantzig daba los últimos toques a su algoritmo, los investigadores de IBM ya se preparaban para aplicar la investigación de operaciones a sus actividades. Para ello tenían a la madre de todas las pruebas: la enorme cadena de suministro de IBM. Para fabricar sus renombradas máquinas de oficina (entre las que aún no estaban las computadoras comerciales), IBM compraba partes y materias primas a proveedores del mundo entero. Naturalmente, éstas representaban un gasto mayor. Si la compañía podía usar sus nuevas matemáticas para organizarlo todo, los ahorros se reflejarían directamente.

Y las matemáticas funcionaron. De hecho, IBM convirtió esos conocimientos prácticos en un negocio. Sus expertos ayudaron a otras compañías a convertir su logística en matemáticas y luego a optimizarla. Aquí es donde la historia se invierte, un poco como el dibujo de M. C. Escher en el que la mano del artista se dibuja a sí misma. En las última dos décadas, la atención de IBM pasó de la manufactura a los servicios. Ahora vende más conocimientos que maquinaria. En 2005, cedió su división de computadoras personales a Lenovo, de China, e IBM Global Services se ha convertido en una firma con ventas por cuarenta mil millones de dólares al año. Así, si el día de hoy los expertos de IBM tuvieran que optimizar su cadena de suministro, tendrían que modelarse y afinarse a sí mismos. En esto precisamente trabaja el afanoso equipo de Takriti.

¿A dónde podría llevar esto? Hemos visto, con las cadenas de suministro, que IBM se usó a sí misma como laboratorio. Dominó el proceso y luego vendió sus conocimientos. Ahora la compañía modela a sus trabajadores. Si esto conduce a un gran aumento de productividad, ¿crees que esos conocimientos se quedarán guardados en IBM? Yo no. Imagina que los modeladores matemáticos llegan un día a las puertas de tu empresa, ya sea como consultores vestidos de azul o integrados a algún *software*. Su atención se centrará en ti.

Sentado en su pequeña oficina, mientras cruza una pierna sobre la otra, Samer Takriti me confiesa que está nervioso. No lo culpo. Su misión es producir detallados modelos matemáticos de cincuenta mil de sus compañeros. No se trata simplemente de colocar a empleados y sus puestos de trabajo en la taxonomía básica que ya describimos. Esto sería de suyo complicado. La meta en este caso es elaborar modelos completos, con todo y las peculiaridades, el transporte diario, los aliados y los enemigos de una persona. Algún día, estos modelos podrían incluir datos como si los empleados comen carne de res o de cerdo, si guardan el sábado, si un piquete de mosca o una crema de cacahuate podrían hacerles daño. Sin duda, algunos vivirán bien aun en el aire contaminado de Beijing o de la ciudad de México, mientras que otros respirarán con dificultad. De ser así, a la larga los modelos también incluirán este detalle, entre muchos otros. El trabajo de Takriti es describir matemáticamente a seres humanos de carne y hueso.

Él no es dado a pronósticos audaces, pero si su sistema tiene éxito, he aquí cómo funcionará: imagina que una gerente de IBM debe enviar un equipo de cinco miembros a establecer un centro de atención telefónica en Manila. Ella se sienta a la computadora y llena un formulario. Es casi como reservar vacaciones en línea. Introduce las fechas y hace clic en los menús para describir el trabajo y las habilidades requeridas. Quizá estipula el margen presupuestal ideal. Aparecen los resultados, que le recomiendan un equipo en particular. Todas las habilidades están representadas. Tal vez tres de las cinco personas tengan antecedentes de haber trabajado juntas de manera armoniosa. Todas cuentan con pasaporte y viven cerca de aeropuertos con vuelo directo a Manila. Incluso una de ellas habla tagalo. Todo parece perfecto, excepto por una frase resaltada en rojo: el presupuesto. ¡Se excede en cuarenta mil dólares! La gerente ve que el arquitecto de computadoras incluido en el equipo es una verdadera luminaria, un tipo del que se escribe en la prensa especializada. Claro, se ajusta en 98.7 por ciento al puesto, pero cuesta mil dólares por hora. Es como si ella hubiera buscado una escapada de fin de semana a París y hubiera terminado en una suite de *penthouse* en el Ritz.

Hmmm. La gerente le pide al sistema un arquitecto menos caro. Aparecen nuevas opciones. Una es un nuevo consultor de veintinueve años que vive en la India y cuesta sólo ochenta y cinco dólares por hora. Desde luego, esto resolvería el problema del presupuesto pero, desafortunadamente, él se ajusta apenas en 69 por ciento al perfil del puesto. Aun así ella podría manejarlo, según la computadora, si lo capacitaran durante dos semanas. ¿El trabajo se puede posponer?

Así es un mundo regido por los Numerati. A los ojos de IBM, no hay otra opción. La fuerza de trabajo es demasiado grande, y el mundo, demasiado vasto y complicado para que los gerentes consigan empleados a la manera de antaño: hablando con gente que conoce a gente que conoce a gente. Correr la voz es una alternativa brumosa y lenta para la economía global. Las relaciones personales son muy limitadas. Los gerentes necesitan el brío de la automatización para descubrir a un consultor en Nueva Delhi, justo como en la generación anterior localizaban un embarque de condensadores en Topeka. Para que esto funcione, el consultor —al igual que los condensadores— debe estar representado por una serie de números.

Para armar estos perfiles, Takriti requiere montañas de información sobre cada empleado. Ha echado mano de su escuadrón con doctorado, desde recopiladores de datos y estadísticos hasta antropólogos, a fin de procesar dicha información. El acceso a los expedientes del personal, que incluyen evaluaciones anuales, está prohibido en IBM, pero sí se permite el uso de prácticamente todos los demás datos. Cerniendo currículos y documentos de proyectos, el equipo puede conjuntar un perfil de las habilidades y la experiencia de cada trabajador. Los registros en línea muestran cómo usan el tiempo los empleados y con quién se reúnen. Rastreando el uso de teléfonos celulares y computadoras de bolsillo, los investigadores de Takriti pueden identificar sus movimientos. Esos registros de llamadas y mensajes electrónicos definen las redes sociales de cada consultor. ¿A quién envían copia de sus mensajes electrónicos? ¿Mandan copias ocultas a alguien? Sus mensajes secretos podrían indicar el surgimiento de redes informales dentro de la compañía. Podrían revelar que un gerente de nivel medio dirige calladamente un importante grupo de colegas, y que su jefe está fuera del círculo. Tal vez ellos dos deberían intercambiar puestos.

La interpretación de nuestras redes sociales es un campo de investigación que va creciendo, en la IBM y hasta entre los buscadores de terroristas en la Agencia de Seguridad Nacional en Fort Meade, Maryland. En la Universidad Carnegie Mellon, en Pittsburgh, se encuentra un importante laboratorio donde la profesora Kathleen Carley erige todo un imperio de redes sociales en el departamento de ciencias de la computación. Cuando me reúno con ella, en unas oficinas situadas en un sótano tiene a treinta graduados que analizan redes de enfermedades contagiosas, como la gripe asiática. Comparan la dinámica de diferentes redes en Medio Oriente.

¿Qué puede revelar este análisis de redes sociales sobre los empleados de IBM u otras corporaciones? Mucho. Comencemos por el correo electrónico. Los graduados de Carley pueden vaciar en una computadora todos los mensajes electrónicos enviados en una compañía durante cierto periodo. Practican con los mensajes que se intercambiaron durante los frenéticos meses previos al desplome de Enron. Esos mensajes, los cuales fueron presentados como prueba en los juicios a Enron, han servido como objeto de análisis para investigadores de redes sociales de todo el mundo. El sistema de Carley registra quiénes envían los mensajes, a qué hora y a quién. Sin siquiera leer su contenido, un programa creado por su equipo traza varios diagramas de la organización. Uno de ellos revela quién se comunica con quién. Cuando Carley me lo muestra, me da la impresión de que es como un plato de espagueti con albóndigas. La organización —si se puede llamar así— contiene varios cúmulos de pasta, cada uno enmarañado y con sus respectivas albóndigas. De un cúmulo a otro se tienden espaguetis sueltos. Cada albóndiga representa a una persona dentro de la organización, y los cúmulos, a grupos de personas que se comunican intensamente entre sí.

Esto es muy lógico. La gente de finanzas, la gente de mantenimiento, el equipo legal, todos se comunican dentro de sus grupos y ocasionalmente envían algún mensaje electrónico a otro departamento. Pero esto no es tan sencillo. «¿Ves este grupo aquí?», me pregunta Carley, señalando un montón de albóndigas en una masa revuelta. Me dice que es una red informal. Cobró forma mientras Enron se venía abajo. Este grupo enviaba alrededor de un millar de mensajes diarios y se convirtió en un centro de intercambio de información interna. Si la compañía hubiera estudiado esa red, los ejecutivos habrían podido interpretarla como una sublevación en ciernes. Eso era en cierto sentido, pues una creciente red de empleados intercambiaban reportes y rumores cada vez más pesimistas sobre la crisis que se avecinaba, y se ayudaban mutuamente a prepararse para la vida después de Enron.

Muchas otras corporaciones, IBM incluida, pueden extraer todo tipo de información de las redes de sus empleados. Pueden diagramar el círculo de relaciones de cada persona. También pueden detectar elementos aislados, personas que casi no se comunican con los demás. Estos empleados, dice Carley, son dignos de atención: podrían estar deprimidos o a punto de marcharse, o comunicándose con la competencia. Aun sin leer todos los mensajes, la compañía puede identificar automáticamente las palabras más comunes que circulan en cada grupo, lo cual le permitiría diagramar no sólo las relaciones de cada trabajador, sino la naturaleza de esos lazos. También puede ver cómo cambian las comunicaciones con el tiempo. Dos empleados podrían hablar de programación de *software* de martes a viernes, pero dedicar el lunes una buena parte de su tiempo a enviar mensajes sobre los partidos de futbol del fin de semana. «El gran paso siguiente», dice Carley, con un dejo de amenaza, «es tomar herramientas como ésta y vincularlas con programas de calendarización y productividad». Interpreto esto como que ya se ha avanzado mucho en nuestra optimización, la de los empleados de oficina.

¿Parece alarmante? Tal vez todo depende de tu lugar en la cadena alimenticia. ¿Te acuerdas del consultor que costaba mil dólares por hora, el que estuvo a punto de terminar trabajando en Filipinas? Al final no lo enviaron; en cambio, en el esquema de IBM, permaneció «en la banca». Takriti sonríe. «Así es como le decimos. Creo que es un término deportivo.» La pregunta, por supuesto, es cuánto tiempo quiere IBM tener a ese costoso talento en la banca. Si no hay trabajo que justifique sus inmensos dones, ¿no deberían ponerlo a hacer otra cosa, al menos para mantenerlo ocupado?

No necesariamente, responde Takriti. La satisfacción laboral es una de las restricciones de su sistema. Si los trabajadores se enojan o se aburren como ostras, es indudable que su productividad se derrumbará. Un gerente automático tiene esto «en mente», por así decirlo. Como cabría esperar, trata muy bien a las superestrellas. Dado que éstas producen mucho dinero a la compañía durante breves arranques de actividad, pasan mucho tiempo en la banca. No obstante, en este rubro hay mucha menor consideración hacia los trabajadores descontentos, a quienes se les toma como «mercancías». Sus habilidades son «intercambiables». Esto significa que son prácticamente indistinguibles de otros, ya sea que estén en la India o en Uruguay. Contribuyen poco a las utilidades. A Takriti le apena decirlo, porque los seres humanos no somos máquinas. Tienen más o menos habilidades y potencial de crecimiento. Él lo valora. Pero, viéndolo matemáticamente, dice, la compañía debe mantener a sus empleados comunes y corrientes trabajando lo más cerca posible del cien por ciento del tiempo. Para ellos no existe la gracia de la banca.

¿A dónde conduce todo esto? Una tarde le hago esta pregunta a Pierre Haren, doctor del Instituto Tecnológico de Massachusetts (MIT, por sus siglas en inglés) y miembro prominente de los Numerati. Es fundador y director general de ILOG, una compañía francesa que usa la investigación de operaciones para afinar sistemas industriales, diagramando, por ejemplo, las rutas de reparto más eficientes de la cerveza Coors. ILOG toma en cuenta todo tipo de restricciones. Por ejemplo, hace unos años el gobierno de Singapur quería evitar conflictos diplomáticos en su nuevo aeropuerto. Los funcionarios le pidieron a ILOG sincronizar el flujo de pasajeros, cerciorándose de que los procedentes de la China continental no se cruzaran con los de Taiwán. Haren habla con marcado acento francés. Mientras conversamos en el *lobby* de un hotel de Nueva York, él tiene que gritar para hacerse oír, pues hay una fuente que hace mucho ruido.

Haren dice que los esfuerzos realizados en empresas como IBM no sólo extraerán las habilidades y los conocimientos de cada trabajador. Esos mismos sistemas dividirán también sus días y semanas en pequeños periodos: horas, medias horas, incluso minutos. Al mismo tiempo, el trabajo por hacer, ya sea crear un programa de computación o diseñar un avión de pasajeros, también se desmenuzará en pequeños pasos. En este sentido, Haren podría estar describiendo la ingeniería industrial que hace un siglo hizo posibles las líneas de montaje. Grandes labores se separan en miles de tareas y se dividen entre muchos empleados. Pero el trabajo del que habla no se hace a mano, ni con prensas hidráulicas, ni con robots. Tiene lugar en el cerebro. Es un trabajo definido por conocimientos e ideas. Haren anticipa que esos conocimientos se aprovecharán minuto a minuto en el mundo entero. Este trabajo compartido ya ha empezado a ocurrir, conforme las compañías dividen proyectos y desplazan grandes porciones de éstos al exterior. Pero una vez que se represente a los empleados como modelos matemáticos, será mucho más fácil descomponer sus días en minutos facturables y enviar su agudeza a cumplir labores alrededor del orbe.

Considera al consultor superestrella de IBM, a quien deciden rescatar de la banca, ya sea que esté en un telesquí en St. Moritz o impartiendo un seminario en Armonk. Se mete la mano al bolsillo y ve un mensaje en el que se le piden diez minutos de su precioso tiempo. Quizá lo busquen porque conoce el algoritmo indicado, o a un cliente. Podría contestar que está ocupado. (Después de todo, es una superestrella.) Pero si acepta ceder los diez minutos, ocupará su lugar en lo que Haren llama una línea de montaje virtual. «Éste es el equivalente de la revolución industrial para los empleados de oficina», agrega Haren.

A algunos de nosotros nos gusta pensar que nuestro trabajo es demasiado creativo para ser medido y modelado. Así solía yo creerlo. Durante años escribí artículos, y el único parámetro que importaba era si le agradaban al director editorial. Las cosas cambiaron cuando los artículos empezaron a circular en la Red. Esto permitió a los jefes saber cuántas personas leían cada artículo. Algunos de ellos, hoy en día, clasifican a los autores según las visitas a su página o el número de veces en que los lectores mandan cierto artículo por correo electrónico. ¿Es justo? Desde mi punto de vista, no. Recuerdo que una vez un compañero incluyó en su blog un video publicitario en el que aparecía Paris Hilton. No llevaba puesta mucha ropa, y con una enorme esponja lavaba un auto en forma bastante provocativa. Este blog atrajo decenas de miles de visitas ese día, más de las que otros recibimos en un mes. ¿Él nos superó? Todo depende de lo que los jefes decidan tomar en cuenta. A medida que los Numerati extienden su dominio en el trabajo, seguramente habrá más preguntas como ésta.

Se hace tarde en la oficina de Takriti. Veo que le preocupa el sentido de mis preguntas. La línea de montaje virtual parece amenazadora. Esta vigilancia se compara a la del Gran Hermano. Para quienes no somos Carlos Beltrán o un consultor cuyo trabajo vale mil dólares por hora, la vida como un modelo matemático parece un ingrato sometimiento al reino de los datos.

Pero he aquí el contraargumento de Takriti. Cuando los instrumentos que él crea vuelvan más productivos a los trabajadores, el mercado los premiará. (Sí, existe un beneficio económico, aun para nosotros los sometidos.) Más todavía, los empleados harán mayor uso de sus números para abrirse puertas. Ya utilizamos programas matemáticos a fin de trazar nuestros viajes y buscar pareja. ¿Por qué no usarlos entonces para planear nuestra profesión y negociar un sueldo más alto? Supongamos que las herramientas analíticas indican que el valor de una consultora para la compañía superó los dos millones de dólares en un año. ¿Ella no debería tener acceso a esa cifra, y estar en libertad de usarla como arma de negociación? En un centro de trabajo delimitado por parámetros, aun quienes gustamos de pensar que estamos más allá de la medición enfrentaremos crecientes presiones para argumentar con base en nuestros propios números.

2

EL CONSUMIDOR

Mi esposa me habla por teléfono desde el supermercado.

—¿Necesitamos cebollas?

Voy a revisar.

—Tenemos una grande —digo, volteándola con cuidado—, pero ya le están saliendo retoños...

—Bueno, voy a comprar algunas. ¿Y leche?

Ya sabes como es esto. Minutos después, cuando el cliente llega a la caja, si se acuerda busca en su bolsa o bolsillo la maltratada tarjeta de lealtad que lleva prendida al llavero. La cajera la escanea y el cliente obtiene un descuento en el jugo de naranja o las navajas de afeitar. A cambio, el supermercado toma nota de todo lo que adquirimos. Es un trato que los clientes hemos hecho durante años: las tiendas nos dan el equivalente a un par de dólares a la semana con tal de que les proporcionemos nuestras listas de compras.

Aquí viene lo curioso. Hasta la fecha, los comerciantes han almacenado incalculables montañas de datos personales de sus clientes, pero apenas ahora se dan cuenta de lo que pueden hacer con ellas. Claro, los gerentes se han servido de los escáners para mantener el inventario bajo control. Pueden saber en qué momento hacer un nuevo pedido de mangos o de Snickers. Se han enterado de muchas cosas acerca de nuestra conducta colectiva, pero casi nada de nosotros como individuos. Cuando entramos a una tienda, así sea por enésima vez en el año, el sistema no nos reconoce. No está hecho para ello.

Sin embargo, esa era está llegando a su fin. Los comerciantes ya no pueden seguir arreándonos a ciegas por tiendas y centros comerciales, ofreciéndoles descuentos en Pampers a viudas que están en silla de ruedas y promociones de jamón a judíos celosos de las tradiciones *kosher*. Además de que es una pérdida de tiempo, la competencia cada vez es más inteligente. Ve lo que pasa en la Red: sea Amazon.com o una agencia de viajes como Orbitz, los comerciantes se esmeran día a día para conocernos mejor.

Le dan seguimiento a cada clic que hacemos en sus sitios. Saben de dónde venimos, qué compramos, cuánto gastamos, qué anuncios vemos e incluso en cuáles de éstos nos detenemos un momento con el ratón. En el mundo en línea, las empresas ya no nos ven como masas, sino como vastas colecciones de individuos, cada uno representado por un montón de ecuaciones. Esas empresas comprueban todos los días que los comerciantes que conocen a sus clientes tienen una gran ventaja. Pueden estudiar nuestros modelos de consumo, prever nuestros gustos e inducirnos a gastar.

El servicio personalizado no es nuevo para los comerciantes. Durante siglos, ha sido privilegio de los ricos. Tenderos y sastres conocen sus nombres y medidas, y su gusto por los vinos *premier cru* de Borgoña. También saben a dónde enviar la factura. Unas cuantas generaciones atrás, los demás recibíamos servicio personalizado (en escala mucho más modesta) en nuestras comunidades. «El modelo de comercio era el del tendero, el sombrerero, el vendedor de tapetes», dice Jeff Smith, director asociado de comercio de Accenture, el gigante de la consultoría tecnológica. «No había autoservicio. Ellos estaban detrás del mostrador y buscaban lo que uno necesitaba.» Su ventaja radicaba en las buenas relaciones con los clientes.

No obstante, después de la Segunda Guerra Mundial y durante medio siglo, el comercio optó por una estrategia masiva.

Los consumidores contaban con carritos e instrucciones para encontrar sus productos. Se tratara de Ikea o Wal-Mart, tenían almacenes enteros para explorar. La mercancía era barata, en parte porque se había eliminado al intermediario, el tendero del barrio que conocía a los clientes por su nombre. Las tiendas desarrollaron una nueva y asombrosa eficacia, derivada de una manufactura y una distribución ejecutadas con precisión marcial. En eso se concentraban las mentes brillantes y sus computadoras: en las operaciones. ¿Y los clientes? Mientras caminábamos entre estacionamientos y tiendas gigantescos, nos procesaban como animales en manada que portaban una tarjeta.

Los comerciantes están cambiando. Smith, de Accenture, llama a este fenómeno «regreso al futuro». En vez de contratar a millones de tenderos en los mostradores del siglo XXI, echan mano de herramientas tecnológicas automáticas, desde cámaras de video hasta tarjetas de lealtad. Funcionan con datos: nuestros datos. Su meta es seguir nuestros pasos, en forma muy semejante a como los comerciantes electrónicos rastrean nuestros clics. En el mercado de los Numerati, cada vez que entremos a una tienda nos definiremos como consumidores y proporcionaremos más y más detalles. Cuando las tiendas nos conozcan, nos identificarán en cuanto crucemos la puerta, justo como lo hacía el tendero de la esquina. Y justo como él, las tiendas sabrán nuestros hábitos semanales y no tan secretos gustos. Podrán anticipar que quizá se nos estén acabando las croquetas para gato y no olvidarán que compramos cuatro u ocho litros de rompope cada Navidad. (¿No sabría mejor este año si lo acompañamos con un delicioso ron jamaiquino?) Los sistemas automáticos calcularán no sólo lo que probablemente compraremos, sino también cuánto dinero les haremos ganar a las tiendas. Muchas de ellas aprenderán a prodigar especiales atenciones a quienes gastan en grande, y a llevar discretamente a los tacaños hasta la puerta.

Un antiguo carrito de compras se halla junto a una pared en el laboratorio de Accenture, situado en un rascacielos del centro de

Chicago. Las oficinas están llenas de aparatos. De los techos penden cámaras de video parpadeantes que miran fijamente a los investigadores. (Ellos son los conejillos de Indias de un nuevo sistema de vigilancia diseñado para rastrear a empleados y consumidores.) En un rincón del laboratorio hay una enorme pantalla, siempre encendida, conectada a otro laboratorio de Accenture que se ubica a tres mil doscientos kilómetros al oeste, en Silicon Valley. Cerca de la hora del almuerzo en Chicago, es posible ver al contingente de California que llega a trabajar, con humeantes tazas de café en mano. Se oye cómo suenan sus teléfonos y sus pasos en el vestíbulo. Todos estos aparatos tienen como fondo una vista circular de los rascacielos de Chicago y del lago Michigan, que reluce a la distancia. El carrito de compras parece fuera de lugar, y hasta un poco triste, en medio de este aparador tecnológico. Pero les recuerda a Rayid Ghani y a su reducido equipo de investigadores su misión: predecir la conducta de personas como mi esposa, como tú y como yo, cuando vamos a una tienda.

Ghani causó revuelo en 2002 con un estudio sobre la manera en que una tienda de ropa como The Gap o Eddie Bauer podía elaborar automáticamente perfiles nuestros a partir de las cosas que compramos. Esto que parece simple, en realidad añade mucha complejidad a la recopilación de datos. Si en tu recámara encontraras una antigua nota empolvada, verías que una tarde, hace meses, compraste un par de pantalones grises, dos camisas de algodón y unos calcetines, por decir algo. Basándose en estos datos, ¿qué puede aprender de ti un comerciante? ¿Que eres un ser humano con un cuerpo y quizá dos pies? Eso lo da por sentado. ¿Que gastas un promedio de ochocientos sesenta y tres dólares al año en su tienda? Suena más interesante. Pero si a cada artículo que compras lo acompañara información más contextual, lo que los científicos de la computación llaman detalles «semánticos», saldría a la luz mucho más de ti.

Supongamos que los pantalones pertenecen a la categoría «juvenil urbana». Con este dato, el sistema puede ir más allá de tus hábitos de gasto y ponerse a indagar tus preferencias personales, tal como Amazon.com determina el tipo de lector que eres a partir de los libros que compras. Un sistema de ropa que cuente con agudeza semántica podría mandarte cupones de prendas atractivas para un joven urbano. Podría rastrear las proclividades de esta «tribu» (término muy del gusto de los mercadólogos). Dependiendo de la política de privacidad de la tienda, también podría vender esos datos a otras compañías que quieran comercializar música o automóviles en el mismo grupo. Algunos sistemas, como veremos más adelante, hasta podrían servirse de datos tribales para hacer que las personas se inclinen a favor de un candidato u otro en tiempos electorales. ¿Hay complicaciones? Por supuesto. Tal vez seas una mujer de cincuenta y cinco años de edad que compró esos pantalones para su hijo de dieciséis. Tal vez le parecieron horribles. En realidad no eres tú la persona reflejada en la nota, ni él. Ante esta complejidad y sus contradicciones, las máquinas necesitan maestros inteligentes y pacientes que las guíen a fin de dotarnos de sentido.

Así se concibe Rayid Ghani a sí mismo: como un asesor personal de esos sabios tontos que llamamos computadoras. Ghani es bajo de estatura, un poco lleno y risueño. Es uno de los profesores más simpáticos que sus alumnos hayan esperado (lo cual no quiere decir que lo hayan notado). Este paquistaní que estudió en el centro neurálgico de las ciencias de la computación, la Universidad Carnegie Mellon, parecería encajar perfectamente en los Numerati. Pero para pertenecer a sus extrañas filas le falta un requisito: un doctorado. En su círculo, tener «sólo maestría» se considera una desventaja. No obstante, este forastero de veintinueve años de edad se abre paso a como dé lugar. Hijo de profesores universitarios en Karachi, Pakistán, solicitó su ingreso a universidades estadounidenses consciente de que sólo podía aspirar a aquellas que ofrecieran beca completa. Así, llegó a la Universidad del Sur, en Sewanee, Tennessee. Ghani la describe como «una universidad de humanidades en medio de la nada». Difícilmente era el lugar ideal para un científico de la computación en ciernes, pues esa institución es famosa más bien por su escuela de teología. Pero un verano, Ghani logró entrar a realizar prácticas en la Universidad Carnegie Mellon. Se adentró entonces a un mundo en el que sus compañeros enseñaban a automóviles a manejarse solos y programaban computadoras para hablar y leer. Entonces le nació la pasión por las máquinas. Así que, tras graduarse en Sewanee, hizo una maestría en la Carnegie Mellon. Tenía prisa; empezó a publicar artículos prácticamente desde que llegó. Y cuando terminó la maestría, decidió buscar trabajo «en lugares donde contratan a personas con doctorado». Fue así como llegó a Accenture, y ahora, a una edad en que muchos de sus compañeros apenas están terminando su doctorado, desde Chicago dirige la división analítica de esta compañía.

Ghani me conduce fuera de su oficina, a donde está el carrito de compras. Me explica que para la modelización estadística una de las prioridades es conquistar la industria de los comestibles. Esto se debe sencillamente a que todo el tiempo compramos alimentos. Para muchos de nosotros, el supermercado funciona como un anexo, frío y con música ambiental, de nuestra despensa. (Apostaría a que millones de personas pasan más tiempo en el supermercado que en la sala de su casa.) Las compras de comestibles son tan prodigiosas que, estudiando tan sólo nuestras facturas de un año, los investigadores podrían identificar todo tipo de pautas, muchas más de las que extraerían de un año de registros de otras compras, más esporádicas. (Hay años en que la mayoría de nosotros no adquirimos un automóvil ni un televisor, por ejemplo.)

Hace tres años, el equipo de Ghani en Accenture empezó a trabajar con una cadena de tiendas de abarrotes (cuyo nombre no tienen permitido revelar). Este proyecto llegó como caído del cielo: dos años de registros pormenorizados de clientes. Las tiendas proporcionaban nombres, edades y otros detalles demográficos, aunque carecían de importancia porque, para Ghani y sus colegas, los veinte mil consumidores que estudiaron eran simples números. Ahora bien, por su conducta en las tiendas, cada número produjo un minucioso retrato del comprador.

Supongamos que tú eres uno de esos consumidores sin nombre. ¿Qué pueden saber de ti los investigadores? Mucho. Por los hábitos en tus compras y la cantidad de dinero que gastas cada semana, pueden saber si te apegas a un presupuesto y calculan tu límite de gastos. Sacarán más conclusiones añadiendo a estos datos algunas etiquetas semánticas. Si ven que empiezas a comprar leche descremada, o esos milagrosos licuados bajos en calorías, pueden inferir que estás a dieta y no les cuesta ningún trabajo advertir cuando la rompes. Te delatan ese envase de Ben & Jerry's o la gran rebanada de queso roquefort que pusiste en el carrito. ¡Un momento! Quizá sea la temporada vacacional, o tu cumpleaños. Unas semanas más de compras explicarán si hiciste una excepción o te diste por vencido. Todo esto se realiza con el análisis estadístico que un alumno de segundo de secundaria entendería.

Las cosas se complican un poco cuando los investigadores examinan tu lealtad a una marca. Supongamos que te gusta la Cherry Coke. Cada semana te llevas a casa un paquete de doce. ¿Cuánto tendría que bajar la Pepsi el precio de su Wild Cherry Cola para inducirte a cambiar de marca? Ghani y dos colegas suyos, Katharina Probst y Chad Cumby, se dedican a observar cómo responden los consumidores a campañas de ventas y promociones. Califican a cada consumidor por su lealtad a algunas marcas e incluso a varios productos de la misma marca. Han descubierto que hay personas leales a determinados alimentos, como los macarrones gratinados de Kraft. Pero, ¿esa lealtad se extiende a otros productos Kraft? En cierto grupo de consumidores, sí. El equipo de Accenture toma nota de ello.

Lo que este equipo tiene en sus manos es un inmenso catálogo de hábitos alimenticios pertenecientes a un pequeño grupo de personas urbanas en los primeros años de este siglo. Los antropólogos de cierta tendencia se darían un festín con eso. Pero, ¿de qué le sirve a un supermercado saber que tú, por ejemplo, tienes un presupuesto semanal de noventa y cinco dólares, que eres ferozmente leal a Cheetos y que coqueteaste con la dieta Atkins en la última temporada de parrilladas? ¿Qué puede hacer una tienda con esa información si no tiene tratos contigo, excepto cuando te presentas, tarjeta de lealtad en mano, en la caja? Para ese momento ya realizaste todas tus compras. Quedó atrás la posibilidad de ofrecerte promociones acordes a tu perfil. Claro que la cajera podría meter unos cupones en tus bolsas, de los que a lo mejor te acordarás en tu próxima visita. Ésa es la razón por la que hasta ahora los supermercados prácticamente han dejado de lado los registros individuales de sus clientes. Poco podían aprovecharlos.

El verdadero salto llegará cuando los comerciantes hagan realidad su sueño dorado de décadas: detectarte en el momento en que tomas un carrito vacío y entras a la tienda. En una vida anterior, en la década de los noventa, aquel triste carrito de compras de Accenture fue el orgulloso prototipo del «carrito inteligente». Estaría equipado con una computadora que llevaría a los consumidores a las ofertas una vez que deslizaran su tarjeta de lealtad. «Todos intentaron hacerlo», comenta Ghani, pero fracasaron. Las computadoras eran muy caras, y el análisis, primitivo. Sin embargo, hoy en día las computadoras se han abaratado, y compañías como Accenture apuestan por producir sistemas tan avanzados que los consumidores consideren al nuevo carrito inteligente su asistente personal.

Los primeros carritos inteligentes de esta nueva generación ya empezaron a rodar. Stop & Shop los está probando en sus supermercados de Massachusetts, mientras ShopRite hace lo mismo en la costa este de Estados Unidos con otros carritos que cuentan con *software* de Microsoft. La cadena alemana Metro los ha lanzado en Düsseldorf, y la empresa coreano-británica Samsung-Tesco, en Seúl. Desde luego, hay cosas que aún se están perfeccionando en esta primera etapa. Para comenzar, la computadora del carrito no puede permitirse cometer errores absurdos. Esto parecería obvio, pero el hecho es que desde hace mucho les hemos dado a las tiendas el beneficio de la duda cuando nos ofrecen volantes y cupones que no coinciden con nuestras necesidades o preferencias, y es que no buscan saber cuáles son. Sin embargo, si un consumidor lleva un año comprando leche descremada y el carrito personalizado insiste en promoverle la semidescremada, ese consumidor podría tachar de idiota al carrito inteligente y regresar al carrito tonto tradicional que se limita a rodar.

El otro extremo sería que los carritos se volvieran demasiado inteligentes, al grado de resultarnos insoportables. Ya me imagino en el Kings que está cerca de mi casa, y que de pronto el carrito me dijera: «STEVE: ¡Corre al pasillo tres porque dos de tus MEDICAMENTOS CONTRA HONGOS favoritos están en oferta, más esta SELECCIÓN contra los hongos que muy probablemente contraerás DESPUÉS!» En ese momento sentiría ganas de arrojarlo a la calle para que un camión le pasara encima.

Dejando de lado esos escenarios problemáticos, he aquí cómo sería la experiencia de hacer compras con uno de esos carritos. Tomas uno en la entrada y deslizas tu tarjeta de lealtad. La pantalla te da la bienvenida y te muestra una lista de productos basada en las pautas de tus compras anteriores. Leche, huevos, calabacitas, lo que sea. Luego, los sistemas inteligentes te indicarían la ruta más directa a cada producto. O quizá te permitirían corregir la lista; podrías pedirles, por ejemplo, que nunca vuelvan a ofrecerte coliflor o cacahuates salados. Aunque esto no parezca la gran cosa, los estudios de Accenture señalan que los consumidores olvidan, en promedio, 11 por ciento de los artículos que desean comprar. Si de veras las tiendas pudieran recordarnos lo que queremos, aumentarían sus ventas y nosotros no tendríamos que salir corriendo a medianoche a la tienda de la esquina.

El asunto se pone más interesante cuando los gerentes de las tiendas comienzan a manipular nuestra conducta. Rayid Ghani abre su *laptop* y me muestra el tablero de control de un supermercado que él y su equipo diseñaron. «Supongamos que quieres que cuatrocientos consumidores cambien a cierta marca de pescado congelado», comenta. Con un par de clics, el gerente puede ver cuántos consumidores en la tienda adquieren dicho producto. Esos clientes forman parte de grupos a los que se les conoce como «cubetas» en la jerga mercadotécnica; en este caso, es la cubeta de pescado congelado. Imaginemos que incluye a cinco mil consumidores, entre los que se cuentan también los que compran pescado de marcas de la competencia. Son éstos el segmento al que se busca llegar; ocupan tres cubetas más chicas, de mil consumidores, digamos, por cada marca rival. Un tercio de ellos parecen leales a su marca de pescado congelado, y para arrebatárselos probablemente se necesitarán grandes descuentos. Los restantes dos mil son más flexibles. Cambian de marca fácilmente y con frecuencia.

Como ves, las cubetas se han ido depurando. Pasemos ahora a los consumidores que no tienen una marca fija de pescado congelado. Ghani juega con los controles. Si decide bajar únicamente cincuenta centavos al precio por medio kilo —y da aviso de este descuento a los carritos inteligentes—, podría inducir a cerca de ciento cincuenta de esos consumidores a optar por la marca objetivo. Ghani reduce el precio otros setenta y cinco centavos. En este nivel, trescientos cazaofertas más se sumarían a la fila para comprar el pescado deseado. El gerente puede jugar con infinidad de variables. Puede ajustar la fórmula a fin de aumentar las utilidades, subir las ventas, promover marcas, reducir el inventario. Es como una función virtual de marionetas, basada por entero en la probabilidad. Las marionetas, sobra decirlo, son nuestras representaciones matemáticas.

Supongamos que eres muy inconstante a la hora de escoger marcas. Aun las menores fluctuaciones te harán pasar de Cheerios a Wheaties y viceversa. Si el gerente quiere reducir el inventario, es probable que te encuentres en la primera cubeta que tome, ya que eres una venta fácil. En cambio, si la meta es que tu lealtad pase de una marca a otra, resultarás una mala apuesta. No te ofendas, pero eres desleal, al menos en este contexto. Aprovecharás el descuento y abandonarás la marca tan pronto como puedas ahorrarte un centavo. Tal vez al gerente le iría mejor si promoviera el descuento entre quienes se apegan a una marca un poco más que tú. Naturalmente, ellos están en otra cubeta.

También te perderías los descuentos si eres de los que se ajustan a un presupuesto semanal. Digamos que desembolsas en comestibles unos ciento veinte dólares cada semana. A pesar de que realmente no sea así, el sistema podría determinar que tienes un límite de gastos porque, por ejemplo, en el 87 por ciento de las ocasiones pagas entre ciento trece y ciento veinticinco dólares a la semana. Supongamos que el gerente quiere deshacerse de una montaña de detergente que se enmohece en la bodega y ofrece bolsas gigantes al dos por uno. ¿Debería dar aviso a tu pantalla? Quizá no, responde Ghani, por la sencilla razón de que cada dólar que gastas en productos con descuento es uno menos en el presupuesto que tienes para comprar a precios normales. Ello afecta a las utilidades. Para despachar ese detergente, es más sensato concentrarse en las cubetas de personas que disponen de más holgura para gastar.

Entre las cubetas más desagradables a que debe enfrentarse un gerente están las de los clientes «lapa». Este término fue propuesto por V. Kumar, consultor y profesor de mercadotecnia de la Universidad de Connecticut. Desde la perspectiva de un comerciante, las lapas son criaturas detestables. Todos las conocemos. Son las personas que, cupones en mano, pasan de una tienda a otra comprando artículos con descuento, y prácticamente nada más. Kumar las llama lapas porque, como los moluscos que se adhieren a los barcos, viajan gratis y no aportan nada de valor. De hecho, al comerciante le cuestan dinero. Hoy se tienen tantos datos del consumidor, refiere Kumar, que se ha vuelto muy sencillo calcular la ganancia o la pérdida proyectada de cada cliente. Kumar, asesor de Ralph Lauren y Procter & Gamble, asegura que los comerciantes deberían «ahuyentar» a los clientes que probablemente los harían reducir sus ganancias.

Esto no significa que deban contratar a musculosos golpeadores para impedirles el paso, aunque pueden tomar medidas en este sentido. Podrían comenzar por eliminar a las lapas de sus listas de correo. Además, cada vez tendrán más herramientas para hacer ajustes en sus tiendas. Si las lapas entran con carritos inteligentes a un supermercado, un buen recurso sería atiborrar sus pantallas de molestas promociones de caviar y trufas a precio normal. (Desalentar a consumidores indeseables es mucho más fácil en Internet. Muchos comerciantes en línea bombardean a sus lapas con anuncios. Y si estos cazaofertas hacen clic para explorar las páginas de un libro o mirar embobados las fotos de cortesía de una página pornográfica de paga, se les relega a los servidores más lentos para que esperen y esperen.)

Viéndolo bien, las lapas se desarrollan en mercados donde a

todos se nos trata por igual. Se dan un festín con promociones que, por una u otra razón, el resto de nosotros dejamos pasar. Pero ahora los comerciantes cuentan con los medios no sólo para detectarlas, sino también para apartarlas. Las lapas, desde luego, son las primeras en notarlo. Por naturaleza mantienen bien abiertos los ojos. A nadie debe extrañar que hasta impugnen esa discriminación en los tribunales. En 2005, un equipo de abogados que representaban a unos seis millones de suscriptores de Netflix, empresa de renta de películas por correo, presentaron una demanda colectiva contra esta compañía. La acusaban de enviar las películas a sus clientes más activos con notable demora. Estos cinéfilos pagaban una cuota mensual fija de 17.99 dólares por rentas ilimitadas, así que intentaban ver la mayor cantidad posible de películas; devoraban una o dos el mismo día en que llegaban y a la mañana siguiente las devolvían por correo. (Conozco esta práctica, pues en mis primeros meses como cliente de Netflix fui una lapa insaciable.) Los ejecutivos de Netflix admitieron que favorecían a clientes menos activos (y más redituables) haciéndoles envíos rápidos. Como parte del arreglo a que llegaron, concedieron a millones de suscriptores un mes de servicio gratis. Llamó la atención, sin embargo, que no se comprometieran a modificar su política de castigar a las lapas. Nada más corrigieron la redacción del contrato de renta.

Las lapas no son las únicas criaturas de la fauna de Kumar. También previene a los comerciantes de las «mariposas», clientes que se presentan ocasionalmente en la tienda, gastan mucho dinero y se alejan revoloteando, sin regresar en meses o años. Dichos clientes no son de fiar, por lo que los comerciantes están advertidos contra prodigarles atenciones. «No cace mariposas», dice el profesor Kumar. No obstante, estudiando su conducta, los comerciantes inteligentes podrían determinar qué mariposas son susceptibles de convertirse en clientes confiables, los cuales están en una cubeta que Kumar llama de «verdaderos amigos».

A medida que recopilen más información sobre nosotros, a los comerciantes les será más fácil decidir a cuáles clientes premiar y a cuáles castigar. Ello no representará un gran cambio para los consumidores mariposa, a quienes eso los tendrá sin cuidado. Pero en la era de los Numerati en el comercio, la vida podría tornarse penosa para las lapas.

Y bien, entre tanta plática sobre mariposas y cubetas, le pregunto a Ghani dónde queda el individuo. Esperaba que me explicara la manera en que iban a modelarme como consumidor, y heme aquí metido en cubetas junto con otros consumidores de pescado congelado y traidores de marca. ¿Qué pasó con la personalización? ¿Dónde está el modelo matemático completamente desarrollado del tacaño que no gasta ni un centavo más para comprar pimientos rojos o amarillos? Hablo del renuente comprador de ropa que atraviesa corriendo el centro comercial con su caparazón y siempre da dos vueltas al estacionamiento antes de encontrar su coche. En suma, ¿dónde estoy yo en todos estos datos?

Ghani sonríe mientras me da la mala noticia. No hay ningún «yo» completamente desarrollado en estos datos. Tampoco ningún «tú», al menos no todavía. En las bases de datos existimos como fragmentos de nuestra conducta: mi trauma con los pimientos, tu costumbre mecánica de echar una bolsa de M&Ms a tus compras mientras esperas en la caja… (Por cierto, esas compras aparentemente impulsivas, con las que nos encogemos de hombros y decimos «¡Total…!», no son ocurrencias de última hora, como demuestran los datos de Ghani. Muchas personas compran caramelos y pastillas de menta para el aliento en forma más predecible que leche o papel higiénico.) En cualquier caso, esos fragmentos de nuestro yo consumidor se vierten en infinidad de cubetas junto con los de otras personas. Por más que nos pareciera halagador estar solos en una cubeta única, para los comerciantes eso es impensable. No cuentan con una campaña de mercadotecnia personalizada para mí o para ti. Lo que quieren es vender carne de puerco o suéteres de cuello redondo, para lo cual deben agrupar a mil o cincuenta mil personas. El hecho de que les agrade dirigirse a microgrupos de clientes no significa que no prefieran llegar a muchas personas con el mismo mensaje. Siguen adorando los números grandes. Sencillamente buscan dirigirse a sus clientes de manera más inteligente. Sería fácil confundir las nuevas cubetas con los grupos demográficos que los mercadólogos han usado durante décadas: hispanos, *yuppies,* mamás aficionadas al futbol, ricachones de Beverly Hills. También son cubetas, pero hay un mundo de diferencia.

En los viejos tiempos, los mercadólogos no sabían casi nada del individuo, así que suponían que éste compartía valores e impulsos con personas similares, aquellas que también ganaban un sueldo de seis dígitos o tenían los mismos apellidos. Era un indicador burdo; aunque, dada la información de que disponían los mercadólogos, no podían hacer más. En las décadas del consumo industrializado, los cincuenta y los sesenta, tal percepción no estaba nada mal. Además, las alternativas eran limitadas. ¿Por qué molestarse en conocer a una persona si quizá no tenía otra opción que ver el programa *The Honeymooners,* ponerle a su sándwich uno de tres tipos de crema de cacahuate o comprar un auto que se pareciera mucho a un Chevy? Hoy tenemos miles de opciones en todo, desde los anaqueles del supermercado hasta el control remoto de la televisión, por no mencionar Internet. Así que ahora los mercadólogos, como lo demuestra Dave Morgan, de Tacoda, pueden centrar su atención no sólo en quiénes somos, sino en cómo nos comportamos. Para esto necesitan las nuevas cubetas.

A fin de ver cuán diferentes son los agrupamientos actuales, considera la composición de las cubetas que habitamos. Empecemos por examinar a los tacaños como yo, que con tal de ahorrar renunciamos a los placeres de los pimientos rojos y de los amarillos. Apuesto a que en mi cubeta de pimientos verdes estoy rodeado de gente de todas las razas y de ambos sexos (aunque, con base en mi muestra familiar, imaginaría una mayoría masculina). Manejamos cualquier tipo de autos. Algunos cazamos; otros inmediatamente proscribiríamos las armas. El fiscal de distrito podría estar ahí, compartiendo espacio en la cubeta con el asesino más buscado por el FBI. Jurarías que no tenemos nada en común, y no te faltaría razón, salvo por un detalle: nos vincula nuestra conducta cuando se trata de comprar pimientos.

Los fragmentos de nuestra conducta están repartidos en miles de cubetas creadas automáticamente por máquinas. La mayoría de ellas —como mi cubeta de pimientos verdes— nunca se usan. Si formaras una hilera con todas tus cubetas, contemplarías tu combinación especial, tu genoma único de consumidor. Los mercadólogos de hoy que se concentran en microgrupos y se refieren a sus modelos de conducta como el ADN del consumidor. Sin embargo, esta comparación no es atinada ni exacta porque, a diferencia de nuestro código genético, nuestra conducta cambia todo el tiempo. Aprendemos. (Luego de una sabrosa comida marroquí, tal vez me sienta animado a lanzarme sobre una canasta de pimientos rojos importados de Holanda, no importa que sean carísimos.)

Con todo, olvídate un instante de esos tecnicismos. Piensa en las cubetas como genes. Cada par base de un gen (que da instrucciones para producir aminoácidos) se describe mediante combinaciones de dos de cuatro sustancias químicas conocidas como nucleótidos. A éstos se les representa con las letras A, G, T y C. Este código básico es muy simple. Pero existen variaciones clave, tanto en el código de ADN de genes particulares como en los tres mil doscientos millones de pares base en el genoma. En muy alto grado, esas diferencias dan forma a nuestro cuerpo y a nuestra vida, distinguiéndonos no sólo de las plantas y de otros animales, sino también entre nosotros mismos.

Desde la década de los noventa, miles de importantes matemáticos y científicos de la computación del mundo entero han elaborado algoritmos para procesar vastas bases de datos de ADN y otra información sobre la salud. En esos miles de millones de pares base buscan pautas que indicarían, por ejemplo, proclividad a la leucemia, al genio creativo, al alcoholismo o a una alergia mortal a los cacahuates. Sus investigaciones aún están en una etapa preliminar, pero los científicos ya han producido una enorme caja de herramientas matemáticas para asociar síntomas con variaciones en los cuatro componentes fundamentales del ADN.

¿Y esto es importante para un comerciante? Todavía no. Pero supongamos que dentro de unos años un supermercado organizara en cuatro grupos cada uno de los aspectos de nuestros datos de compras. Pongamos por caso que compramos dulces cuando llegamos a la caja:

1. Más del 90 por ciento de las veces
2. Del 25 al 89 por ciento
3. Del 1 al 24 por ciento
4. Nunca

Con la computación moderna, no sería tan difícil organizar miles, e incluso millones, de nuestros hábitos de compra de comestibles en grupos similares de cuatro, los cuales serían arbitrarios, como los del censo o las categorías de seguros. No obstante, la cuestión aquí no es modelar con exactitud a un individuo entero, sino descifrar las pautas de la conducta humana. Considera a las personas que adquieren chocolates *gourmet*. ¿En su acto de comprar hay algo que parezca estimular su gusto por los chocolates? Los comerciantes se han planteado este tipo de preguntas durante siglos y han propuesto correlaciones razonables. Los amantes de los chocolates podrían interesarse en las almendras. Habría que cazarlos entonces en los días festivos y antes del Día de San Valentín. Pero, ¿y las correlaciones que a los seres humanos no se nos ocurriría buscar, como aquélla de los aficionados a las películas de amor que hacían clic en los anuncios de renta de automóviles de Alamo? ¿Cómo pueden los comerciantes descubrir esas asociaciones ocultas?

Ghani responde que aquí es donde podrían intervenir los algoritmos para recopilar datos y conducir a experimentos aleatorizados con consumidores. Una vez que los comerciantes hayan agrupado nuestras conductas en cuatro variables, podrán adaptar uno de esos algoritmos genómicos y vaciar en él nuestros datos de compras. Las computadoras procesarán nuestros movimientos, examinando literalmente miles de millones de combinaciones; la gran mayoría de ellas serán absurdas por completo. ¿Las personas que compran tanto coles de Bruselas como cereal azucarado también compran chocolates suizos más que el promedio? Ninguna persona en su sano juicio se molestaría en buscar tal relación. Por eso éste es un trabajo perfecto para las computadoras. Si las ponemos a indagar, podrían hallar correlaciones que a los seres humanos jamás se nos habría ocurrido considerar. Así como han ayudado a los investigadores médicos a encontrar marcadores genéticos para ciertos tipos de cáncer de mama y la enfermedad de Huntington, podrían indicar a los comerciantes qué tipos de frutas promover entre los consumidores de alimentos enlatados o qué revistas tienden a leer quienes compran comida para perros. Estas sugerencias parecerían frívolas, pero si un comerciante pudiera ajustar sus promociones, cubeta por cubeta, y con ello obtener siquiera un aumento de 2 por ciento en sus ventas, tendría motivo suficiente para correr al pasillo siete a destapar una botella de Mumm's. El sector comercial mide sus márgenes de utilidad en décimas de punto porcentual.

Mientras Ghani habla de pautas de compras e investigadores genómicos, yo pienso en meter a todas las personas que hemos mencionado —tenderos, anunciantes dirigidos a microgrupos, genetistas matemáticos— en una misma sala. Como que no tendrían mucho en común, y así es. En prácticamente todas las industrias, los datos que producimos se representan con unos y ceros. Todo viaja por las mismas redes y compite por espacio en las mismas computadoras. Esto quiere decir que las herramientas matemáticas empleadas para analizar esos datos pueden cruzar sin mayor problema disciplinas e industrias, desde granjas hasta los pasillos de Saks, lo que tiene un efecto multiplicador casi milagroso: los cerebros que trabajan en una industria podrían impulsar grandes avances en muchas otras. Investigadores largamente aislados en campos, departamentos universitarios e industrias diferentes entre sí ahora resuelven los mismos problemas. El análisis de redes, por ejemplo, se extiende de la física a la sociología. En cierto sentido, todos esos científicos trabajan en un único laboratorio global interconectado.

Lo anterior significa que los investigadores cuyas herramientas descifrarán algún día los secretos de tus compras —quizá las pautas subconscientes que ni siquiera sabes que existen— tal vez no trabajen para Wal-Mart, Google o el equipo de Ghani en Accenture. Puede ser que hoy en día se ocupen de las lombrices de tierra o la nanotecnología, o el comportamiento de los electores demócratas en las entidades «bisagra» de Estados Unidos. Por ejemplo, un investigador de Microsoft, David Heckerman, trabajaba arduamente en la elaboración de un programa para filtrar mensajes de correo electrónico e identificar el correo basura. Sabía que quienes enviaban este tipo de correo modificaban constantemente sus mensajes para superar defensas cada vez más sofisticadas. Así, se enfrentaba a un fenómeno de naturaleza similar a las mutaciones biológicas. Su sistema debía prever tales variaciones. Heckerman, médico además de científico de la computación, sabía que si su programa era capaz de detectar mutaciones en el correo basura, también podría dar resultado en la medicina. Y, en efecto, en 2003 prestó atención al VIH, el virus causante del sida. Sus herramientas, con su legado para atacar en el correo basura, a la larga podrían conducir a una vacuna contra el sida. «Se trata del mismo *software*», dice. En el mundo de los Numerati, los avances pueden provenir desde cualquier disciplina.

Piensa en la ropa que te pusiste esta mañana. Si Rayid Ghani y sus colegas tuvieran una fotografía tuya de cuando bajaste a desayunar o saliste de casa, ¿sabrían por tu ropa a qué tribu perteneces? Tal vez estarían muy cerca de acertar. Los seres humanos nos hemos especializado en el reconocimiento tribal desde que bajamos de los árboles. Es una habilidad de supervivencia.

Pero, ¿cómo le enseña Ghani esa habilidad a una máquina? Las computadoras, después de todo, deben saber qué tipo de ropa compramos para poder clasificarnos como insignificantes, zánganos, saltamontes, madres tierra o cualquier otra cubeta de moda que se les ocurra a los mercadólogos. Por supuesto, es cierto que podríamos poner a ejércitos de empleados a examinar las prendas y a asignarle a cada una determinada etiqueta tribal. Pero este procedimiento costaría mucho y sin duda los empleados (procedentes ellos mismos de tribus diferentes) discreparían en cuanto a qué es sexy, futurista o retro. Como los seres humanos somos demasiado subjetivos, ése es un trabajo para las computadoras. Sin embargo, Ghani señala que en lo tocante a la clasificación de ropa las máquinas no salen mejor libradas que los seres humanos más incompetentes, al menos por ahora. En consecuencia, el equipo de Accenture en el laboratorio de Chicago tiene que hacer trampa.

Veamos cómo. El equipo contrata a un grupo de personas para que enseñen a la computadora. Estos instructores trabajan afanosamente en un cuestionario del catálogo en línea de una tienda departamental. En relación con varios cientos de prendas, contestan una serie de preguntas de opción múltiple. ¿Esta pieza es formal o casual? ¿Es de oficina? En una escala del uno al diez, ¿qué tan *sport* es? ¿Qué tan de moda está? ¿Para qué grupo de edad se diseñó? Y así sucesivamente. Varias personas evalúan artículo por artículo. De ese modo, se hacen a un lado sus peculiaridades individuales y hay consenso. Mientras los seres humanos responden las preguntas, la computadora aprende acerca de cada prenda. Si fuera humana, quizá podría desarrollar juicio para saber qué es *sport* y cuáles son las últimas tendencias; ello la volvería apta para clasificar sola el resto del universo de la moda. Pero las computadoras aún no poseen tal discernimiento. Se concentran, en cambio, en el lenguaje promocional que acompaña a cada imagen: «¡Fabuloso!», «¡Lo último!», «¡Lo que esperabas!» Aprenden a asociar esas palabras con los valores expresados por sus instructores humanos.

Al final, la computadora elabora una matriz de palabras, todas ellas definidas por sus relaciones estadísticas con cada categoría de ropa. «Brasier», por citar un ejemplo obvio, tendría una probabilidad de casi cero de corresponder a ropa de hombre. En todos los casos marcados por los humanos aparece como ropa de mujer. Pero esto no le dice a la computadora si cierto brasier es *sport,* casual o de la generación Y; para ello, debe buscar pistas en otras palabras.

Ghani me muestra el vocabulario que su sistema domina. Le pide a la computadora términos «conservadores» y ésta exhibe «pantalón», «clásico», *«blazer»*, «Ralph» y «Lauren». ¿Palabras de bajo rango en la escala conservadora? Ghani exclama entre risas: «¡'Leopardo'! Ésa es buena». Otras son «rosa», «camiseta», «tirantes», «coqueto», «*spray*», «seda» y «plataforma». Yo diría que la computadora ya ha asimilado dos o tres cosas. Cuando Ghani le pregunta por «gran atractivo de marca», aparecen «DKNY» e «importada», y de nuevo el dúo «Ralph» y «Lauren». (Ghani me explica que el sistema carece de una comprensión contextual avanzada. A diferencia de otros programas de inteligencia artificial, no está sobrecargado de gramática. Sólo se abre paso entre las palabras que encuentra y las vincula a una serie de probabilidades.)

Saber que cierta blusa blanca es una prenda de oficina, adecuada para una mujer de la generación nacida después de la Segunda Guerra Mundial, es un primer paso que resulta sencillo para la computadora. Su reto más importante es crear un perfil de la mujer que adquiere esa blusa. Digamos que se trata de mi esposa. Va a Macy's y compra cuatro o cinco artículos: ropa interior, pantalones, un par de blusas, tal vez un cinturón. Todos encajan en el perfil de esa generación. Poco a poco mi esposa se vuelve más tangible. Luego, de salida, se acuerda de comprar un regalo de cumpleaños para nuestra sobrina de dieciséis años. La última vez que la vimos, llevaba puesta ropa negra con muchos letreros, en su mayoría agresivos. Nos dijo que era gótica. Así que mi esposa va a la sección «alternativa» y —¿qué más da?— elige uno de esos collares para perro con estoperoles o picos.

¿Cómo interpreta el sistema de Ghani esta sorpresiva desviación? Jaime Carbonell, profesor de aprendizaje máquina en Carnegie Mellon, reflexiona mucho sobre estos asuntos. Dice que en los viejos tiempos se solía elaborar un perfil medio de los consumidores. Notó que Amazon.com, por ejemplo, se percató de que a él le interesaban la historia de la guerra civil estadounidense y la biología computacional, y combinó ambos temas. Carbonell recibía recomendaciones de historia de la biología y la división norte-sur en ciertas cuestiones científicas. Pero afirma: «La modelización con base en perfiles medios no da resultado. No somos el promedio de nuestros intereses». El método más reciente consiste en usar el *clustering software,* o análisis de agrupamiento. Este *software* divide los intereses de Carbonell en grupos diferentes y le ofrece recomendaciones basadas en cada uno de ellos.

Si las compras de mi esposa se agruparan, el sistema las examinaría y concluiría que ella es mujer y que pertenece a la generación de la posguerra. ¿Y qué diría del collar para perro? Es lo que los estadísticos llaman un valor aislado, el cual, en estos primeros días, es mejor pasar por alto. Pero cuando el análisis se vuelva más sofisticado, se las verá con los fragmentos de nuestra existencia que parezcan desviaciones. A final de cuentas, ¿qué detalles será más probable que nos pongan al descubierto: los de nuestra conducta diaria que parece «normal» o las aparentes peculiaridades que a menudo nos empeñamos en esconder? Un detective optaría de inmediato por el valor aislado. Quizá también el mercadólogo. Pero es difícil dar sentido a ese tipo de datos con sistemas automáticos.

En fin, supongamos que mi esposa regresa la semana siguiente a la misma tienda y compra *piercings* y tinte verde para cabello. En ese momento, el *software* podría incluir el collar con picos que había comprado, el aparente valor aislado, en un grupo solo. ¿Qué nos diría sobre ella este nuevo grupo? Es difícil saberlo. ¿Que es una profesional de edad madura que de lunes a viernes viste ropa formal y los fines de semana se pone el collar con picos porque le gusta el *look* gótico? Tal vez. O quizá que hace compras para dos personas. Ghani me cuenta que algunos sistemas de tiendas de comestibles ya analizan a los diferentes grupos y tratan de llegar a conclusiones sobre la composición de una familia. Otros consideran las diferentes señales como dimensiones diversas de una sola persona. A veces, sin embargo, compras «mutuamente excluyentes» en el mismo carrito —calcetines chicos y zapatos grandes— indican que se trata de más de un individuo.

El experto automático en modas de Accenture no hace distinciones tan sutiles, pues aún se encuentra en la fase de investigación. No obstante, una vez que esta tecnología llegue al mercado, las tiendas contarán con señales firmes que les dirán qué tipo de consumidores somos. Al mismo tiempo, compilarán listas de clientes cada vez más detalladas y valiosas. Como veremos, muchos otros mercadólogos, como los de agencias de búsqueda de pareja o los de agrupaciones políticas, pagarían una fortuna por —digamos— una lista de diez mil modernas mujeres de la generación Y en Seattle, Chicago o Miami. Y sin duda habrá mercados dinámicos para muchas variedades de góticos.

Ahora imaginemos que fuiste a una tienda departamental con una lista de compras. Si cuando regresaste a casa te faltaron dos, la tienda falló en una prueba importante. Pero aunque hubieras encontrado todo lo que anotaste en tu lista, desde la perspectiva de la tienda tu visita distó de ser un éxito rotundo, pues habría querido que te toparas con incontables tentaciones en los pasillos. Ése es su sueño: que llegues a la caja tambaleándote con muchas cosas que descubriste; tantas, que tengas que pagar a uno o dos chicos para que te ayuden a llevarlas al auto.

¿Cómo se puede hacer realidad? El primer paso es trazar un mapa de nuestros recorridos por la tienda. Antiguamente, algunos gerentes de tiendas y curadores de museos se fijaban en el desgaste de las losetas del piso para saber por dónde caminaban más los visitantes; luego se las ingeniaban para atraerlos a los pasillos menos transitados. Un método un poco lento para los Numerati.

Ghani y su equipo tienen otra idea. Mientras recorremos la oficina de Accenture, unas cámaras colgadas del techo siguen cada uno de nuestros movimientos. Hay unas cuarenta, dice Ghani con toda naturalidad. Mi opinión es que esa vigilancia en el trabajo resulta incómoda. Si una red semejante de espionaje estuviera instalada en mis oficinas en Nueva York, tendría que moderar mis visitas al baño. Pero Ghani y sus colegas ven las cámaras como un experimento más para rastrear a empleados y a consumidores. Parece que a los trabajadores de Accenture no les molesta ofrecerse como voluntarios.

Este tipo de sistema de monitoreo no es tan relevante para el laboratorio de Accenture, donde el flujo de información cuenta más que los desplazamientos de las personas. Sin embargo, Ghani supone que cada vez más cámaras vigilarán los movimientos de clientes y empleados en las grandes tiendas, los hoteles, los casinos y las fábricas. En vista de que las cámaras ya están instaladas como medida de seguridad, agrega Ghani, simplemente hay que asignarles una labor adicional.

Los gerentes pueden echar mano de esta tecnología para empezar a escudriñar nuestros desplazamientos. Hoy se concentran más en el tráfico que en los individuos, debido a que las cámaras tienen mala visión. Ghani observa que para ellas somos poco más que manchas en movimiento. Se les dificultaría identificar nuestro rostro, aunque nos quedáramos quietos, las miráramos de frente y pronunciáramos despacio nuestro nombre. La mayoría de los sistemas automáticos de vigilancia, que en las películas capturan tan bien las caras, aún carecen de esa magia en la realidad. Douglas Arnold, director del Instituto de Matemáticas Aplicadas de la Universidad de Minnesota, asegura que el reconocimiento de rostros se ha exagerado desde la década de los sesenta. Agrega que, a pesar de que los investigadores han conseguido avances, «si la gente empezara a confiar hoy en los sistemas de reconocimiento de rostros, se llevaría un chasco».

Luego entonces, ¿cómo distinguirán las cámaras de Accenture a trabajadores y consumidores de manera individual? Ghani me habla de lo que llama redundancia masiva, la cual consiste en poner a trabajar en equipo a muchas cámaras. Cada una aporta un detalle. Funcionan como un grupo de testigos que ven huir a un ladrón. Uno podría recordar su sombrero rojo; otro, la venda en su mano. Un tercero señala el callejón por el que se escapó. En el caso de Accenture, el sistema puede unir esas minucias y sugerir la identidad de cada mancha. Podría estar muy seguro, por ejemplo, de quién es una figura baja con cabello oscuro y camisa azul que sale de la oficina de Ghani acompañada de un extraño más alto y con el cuello extrañamente rígido (yo, a causa de las pésimas almohadas de los hoteles). La estatura, los colores y el tipo de movimientos indicarían que se trata de Ghani. El sistema hace cálculos similares con los demás empleados de Accenture en ese piso. Produce carretadas de datos visuales que las computadoras de la compañía aprovechan en toda clase de análisis. Pueden crear gráficas que muestren las pautas de desplazamiento, los centros sociales y, claro, las visitas al baño de cada persona. Un análisis similar podría practicarse en relación con los consumidores. A la larga, quizá una tienda nos reconozca, por nuestros movimientos en los pasillos, como posibles mariposas o lapas, incluso como ladrones. Y a medida que mejoren los sistemas de reconocimiento de rostros, podría identificar a las lapas justo en el momento en que entraran a sus instalaciones.

Ahora que si las cámaras no nos vigilaran, podría hacerlo una radiotecnología conocida como RFID (por sus siglas en inglés), o identificación por radiofrecuencia. Se trata de pequeños chips colocados en una mercancía, un carrito de compras o una tarjeta de lealtad. Cada chip tiene un número único que identifica al artículo o al consumidor. Sólo que, a diferencia del código de barras, que debe pasarse por un escáner, estos chips pueden leerse mediante radioseñales emitidas por un lector automático instalado en el área. Esto es magnífico para la logística, pues al abrir un camión de carga, en vez de apilar su contenido y escanear cada código de barras, todos los chips transmitirían sus datos al mismo tiempo. El contenido detallado del embarque se registraría en una fracción de segundo.

Esos mismos chips pueden rastrearnos en tiendas y en lugares donde se celebran convenciones y ferias. AllianceTech, una compañía de Austin, Texas, coloca radioetiquetas en los gafetes que la gente porta en las ferias comerciales. También instala receptores en los *stands*. Cuando IBM o Texas Instruments quieren saber quién visitó sus *stands*, AllianceTech les proporciona los nombres de las personas (al menos de las que aceptaron participar) y el de sus empresas, así como el tiempo que pasaron en el *stand*. Hasta pueden saber cuánto tiempo estuvieron en el *stand* de la competencia. El flujo de datos de los visitantes haría pensar que la feria tuvo lugar en Internet.

Imagina qué pasaría si las tiendas usaran esa tecnología. Algunas no andan lejos. Metro, de Alemania, la quinta cadena de tiendas más grande del mundo, ya está equipando sus carritos inteligentes con radiotransmisores en varios de sus establecimien-

73

tos. Albrecht von Truchsess, vocero de Metro en Düsseldorf, dice que esta tecnología tiene como fin brindar mejor servicio a los clientes, no recopilar datos de sus compras o de sus perfiles. (En Europa, la privacidad de los datos es un asunto mucho más delicado que en Estados Unidos.) Los consumidores escanean el código de barras de cada producto que meten en el carrito inteligente. La información se envía por conexión inalámbrica a la computadora y, tal como un conductor que pasa por una caseta automática de peaje, el cliente puede sacar de la tienda el carrito sin detenerse a pagar. De ello se encarga la tecnología.

Al procesar los escaneos, Metro determina los movimientos minuto a minuto de cada consumidor. Aunque no elaboren perfiles personales, los analistas de Metro podrán estudiar sus pautas. Quizá con ello se den cuenta de que muchos de los consumidores más despreocupados y desprendidos no se topan nunca con el exhibidor en el pasillo tres de los chocolates belgas pecaminosamente deliciosos (y caros). Tal como una página de Internet, la tienda tiene muchas opciones para atraer a los consumidores: puede anunciar los chocolates en la pantalla de los carritos inteligentes, cambiar la mercancía de lugar o poner los chocolates en las rutas más transitadas por los clientes espléndidos. ¡Pobres de quienes estén a dieta y se atrevan a comprar en las tiendas de los Numerati!

3

EL VOTANTE

Contesta rápidamente: ¿por quién votaste en las elecciones de la década de los noventa?

¿La pregunta te pone a temblar? ¿Te preocupa no acordarte, o mencionar el nombre de alguien que ni siquiera contendió? Quizá lo recuerdas perfectamente, pero temes decírmelo porque supones que luego te voy a bombardear con preguntas complementarias. «¿Votaste por él? ¿En qué diablos estabas pensando?»

Si experimentas temor y ansiedad, bienvenido al club. Perteneces a la mayoría. En casi cualquier país, son una minoría quienes de verdad disfrutan la política y ven al mundo como los políticos. Pero como los miembros de este simpático círculo controlan el reino político, tienden a analizar la política como si todos los demás la consideráramos con igual fascinación y celo, y con la misma atención a sus asuntos. Por eso los políticos no establecen un auténtico vínculo con los electores, señala Joshua Gotbaum, ni los entienden.

Gotbaum es miembro activo de esa minoría. De joven trabajó en el gobierno de Jimmy Carter y regresó al sector público en la edad madura, para colaborar con el presidente Bill Clinton. Ocupó altos cargos en el Pentágono, el Departamento del Tesoro y la Oficina de Administración y Presupuesto. Cuando los republicanos tomaron la batuta, Gotbaum se dedicó a hacer dinero y a trabajar para instituciones de beneficencia. En una época fue socio del banco de inversión Lazard Frères. Después de los ataques terroristas de 2001, dirigió el Fondo 11 de Septiembre. Más tarde se mudó a Honolulú y se encargó de librar de la quiebra a Hawaiian Airlines. En estos momentos en que converso con él, intenta resucitar una nueva empresa dedicada a la educación en Nueva York, cuyas oficinas se localizan cerca de Wall Street. Pero anhela volver a trabajar en el gobierno. Naturalmente, la fórmula para lograrlo es encontrar más estadounidenses dispuestos a votar por un candidato demócrata, dar con el argumento idóneo para cada uno de ellos. El problema, cree él, es que millones de posibles demócratas están camuflados; por alguna razón, pasan por votantes republicanos. Algunos viven en «McMansiones» con vista a ríos y manejan Hummers. Otros portan armas, veneran al ejército o dedican gran parte de su tiempo libre a rezar. Otros más permanecen ocultos, porque hasta la fecha no los han impresionado los candidatos demócratas. Gotbaum comenta que, si quieren convertirlos en simpatizantes demócratas, su partido debe empezar por superar a los republicanos en la tarea de construir grandes bases de datos con seguidores potenciales.

Los republicanos establecieron las condiciones de la microselección política en los comicios de 2004. Primero enfocaron los problemas de una nueva manera, evitando mucha de la verborrea política que aburre o saca de quicio a la mayoría de los electores. Se concentraron en peticiones simples que estaban más cerca del corazón que de la cabeza, como la seguridad, el amor al país o la posibilidad de rodearse de personas de fe. Gastaron millones de dólares en encuestas y usaron la información así obtenida para identificar a sus votantes objetivo. Matthew Dowd, asistente de Karl Rove, operador veterano del presidente Bush, relata los pormenores de aquel triunfo en su libro *Applebee's America* [Las abejitas de Estados Unidos], que escribió con dos coautores y publicó en 2006.

Gotbaum, que ya empieza a peinar canas, ha fundado su

propia firma política, Spotlight Analysis, para cuya financiación reunió 1.5 millones de dólares. Considera que su compañía es la respuesta de los demócratas. El éxito de Spotlight podría significar el regreso de Gotbaum a la esfera gubernamental. En su opinión, el partido que sepa aprovechar el poder de los datos y los cerebros de los Numerati será el que triunfe en las urnas. Esto no quiere decir que la microselección de objetivos vaya a atraer a los cincuenta o sesenta millones de votantes que un candidato presidencial necesita para ganar. El método tradicional —avalanchas de anuncios en televisión y grandes campañas por teléfono y de puerta en puerta— seguirá cargando con el peso de la elección. Pero en las contiendas que se decidan por uno o dos puntos porcentuales, o menos, vencería el partido que identifique individualmente a unos cuantos miles de electores. Si los datos que emitimos dan el menor indicio de que somos votantes «bisagra», los Numerati políticos se aferrarán a seguirnos la pista.

Esto también tiene implicaciones para los votantes «decididos», cuyos datos los políticos ya han comenzado a usar para administrar en forma más eficiente sus limitados recursos. Si cuentan con el voto seguro de una persona, los candidatos podrían concentrar sus promesas y discursos en los electores que aún titubean. Así ha ocurrido desde hace mucho tiempo. Tradicionalmente, los políticos se han dirigido a grupos enteros e indiferenciados; de manera que, por ejemplo, elaboran un mensaje para los jubilados en Florida y otro para los inquietos trabajadores de la industria automovilística en Michigan. Sin embargo, hoy los Numerati recolectan muchos más datos sobre los votantes bisagra y pueden estudiarlos con mayor precisión. Esto significa que pueden meterlos en grupos cada vez más pequeños. Al producir y poner a prueba mensajes destinados a cada porción del electorado, la ciencia de los Numerati suplanta a la sabiduría popular de los líderes distritales.

Éste es el reto de Gotbaum para encontrar votos: ¿cómo saber qué mueve políticamente a las personas si muchas de ellas le tienen aversión al tema mismo? En comparación con la política, las compras son pan comido. La gente desea cosas. Las elige. Las adquiere. Deja huellas visibles. Cuando Rayid Ghani y su equipo en Accenture diseccionan tu nota del supermercado, ven que cada dos semanas compras, digamos, una bolsa de apetitosas manzanas verdes Granny Smith. En sentido figurado, votas por esas manzanas con tu tarjeta de crédito. Basándose en la conducta de otros consumidores de manzanas, Ghani y compañía no tienen que realizar una hazaña para predecir qué otros alimentos podrían gustarte. Dominan los datos que proporcionas. Podría decirse que comparan «manzanas con manzanas».

Ahora considera la política. A muchas personas no les gusta pensar ni hablar del tema. Cambian de canal o dan vuelta a la página. Con el surgimiento de nuevos medios, disponen literalmente de miles de opciones para entretenerse y enterarse de las noticias; muchas de ellas, en su opinión, son más divertidas que la política. Además, los ciudadanos estadounidenses se oponen a los intentos formales para medir sus convicciones políticas. Si crees que bromeo, escucha esto: los encuestadores señalan que apenas el 12 por ciento de los estadounidenses tienen la cortesía de tomar sus llamadas telefónicas. Peor todavía, desde la perspectiva de un cazador de datos, las pocas personas que se animan a salir de casa en un lluvioso día de noviembre votan detrás de una cortina. El voto es secreto.

Así pues, los operadores políticos deben indagar en otros datos para encontrar partidarios. En el pasado se contentaban con aproximaciones de la conducta de los ciudadanos. Los vecindarios estadounidenses eran un buen factor para predecir el ánimo electoral. También la raza. Pero la mayoría de esas grandes categorías se han agotado. Cada vez caminamos menos hombro a hombro y contamos con más alternativas. De modo que Gotbaum debe hurgar más para llevar a cabo el tipo de análisis que desea. Tiene que descubrir no sólo dónde vivimos y trabajamos, sino también qué amamos, qué tememos, qué pensamos de verdad sobre temas tan pantanosos como la comunidad y el país. Las matemáticas de la política, por extraño que parezca, deben extenderse más allá de los dedos ansiosos de nuestro consumidor interno y sumergirse en un terreno más cerca del alma. Para llegar ahí, los investigadores deben olvidarse de los montones de datos personales que corren por Internet, como los clics con el ratón y las búsquedas en Google. Hay que plantearse muchas preguntas.

He aquí algunas, sólo para que te des una idea. ¿En qué comunidad vives? Evócala en tu mente. Si pudieras dibujarla, ¿cómo sería? ¿En ella se verían personas que saludan desde las ventanas y los portales de las casas a ambos lados de tu calle o desde los departamentos de tu manzana? ¿Tus vecinos de carne y hueso componen tu comunidad? ¿O la compone un grupo con valores comunes, en torno a una iglesia tal vez? Quizá tu comunidad sea un extenso grupo en Internet que se congrega a través de un blog sobre las novelas de Dostoievski o el Chianti. O tal vez tengas una visión más amplia de tu comunidad, que incluya a todos los que vivimos y morimos en este planeta azul que gira alrededor del sol. Para algunos, la comunidad incluye a los animales. Imagina cuán perplejas mirarían las personas a un político en ciertos círculos si éste se refiriera a una comunidad que abarcara palomas y ballenas piloto. Algunos electores lo desacreditarían pensando que ha perdido la razón. Pero para otros sería un alma gemela. Por naturaleza, los políticos hábiles saben adecuar su mensaje, incluso su tono, a diferentes públicos. Pero, ¿cómo se puede interpretar a las multitudes que están dispersas en muchas redes?

Piensa en los términos y conceptos vagos propios de la política: libertad, democracia, justicia, seguridad, oportunidad, derechos humanos, riqueza. Los políticos buscan darles un efecto cuando los citan en discursos de campaña y anuncios de televisión. Pero provocan reacciones muy distintas. Para algunos, la palabra «justicia» significa ejecutar a los homicidas. Para otros, dar a los niños pobres iguales oportunidades educativas. Si los políticos pudieran agrupar a la gente según su concepción de esas ideas, comprenderían mejor el papel que cada persona asigna al gobierno en la sociedad. Esto es lo que expresamos al votar. Y con ese conocimiento, los políticos podrían elaborar mensajes que aludieran a nuestros valores e inquietudes.

En Estados Unidos, esto resultó más fácil para generaciones anteriores de políticos, porque la ciudadanía se organizaba en grupos claramente definidos y se esforzaba por adaptarse. Fue el caso de mis padres. En 1954 se mudaron a un arbolado distrito de Filadelfia junto con sus tres hijas (yo todavía no había nacido). Hicieron lo posible por integrarse. Compraron una camioneta Plymouth roja y se anotaron en las listas de espera de dos de los clubes más pretenciosos de la costa este, uno de tenis, el otro de golf. Empezaron a asistir a la iglesia episcopal, favorecida por el orden establecido. Se suscribieron al (ya desaparecido) periódico republicano, el *Evening Bulletin* [Boletín de la Tarde]. Y como la mayoría de sus nuevos vecinos, se registraron localmente como republicanos.

Si a uno de los Numerati políticos de la época (de haber existido) se le hubiera pedido elaborar un modelo matemático de mis padres, tal vez habría preguntado: «¿Para qué molestarse?» Prácticamente no había necesidad de personalizar nada para ellos. Mis padres lo hacían solos ajustándose a las normas locales. Se esmeraban en incluirse en un algoritmo preconcebido que definió a un enorme grupo, políticamente moderado, conocido como «republicanos de Rockefeller». Muchas de las familias que lo integraban habían sido republicanas desde los tiempos de Abraham Lincoln, cuando los republicanos del norte encabezaron la lucha contra la esclavitud y a favor de la unión. Recuerdo que en una pared de nuestra sala había un óleo desde el cual una pareja de nuestros antepasados del siglo XIX nos miraba con severidad. Siempre supuse que eran republicanos. ¿Acaso no lo éramos nosotros?

A principios de la década de los sesenta, mi padre se aventuró en la política local y ganó un cargo en el ayuntamiento. Él podía decir, manzana por manzana, cuáles casas contaban como votos republicanos y cuáles puertas debían omitirse el día de la elección. (Los profesores de universidades cercanas tendían a votar por los del otro bando.) Era muy sencillo. No obstante, el creciente movimiento por los derechos civiles y la guerra de Vietnam suscitaron cambios en nuestro hogar. El candidato presidencial republicano de 1964, el senador Barry Goldwater, se alejaba demasiado de las convicciones de mis padres, sobre todo en lo tocante a derechos civiles. Mi madre temía que nos llevara a una guerra nuclear, por lo que se volvió «republicana a favor [del demócrata Lyndon] Johnson», y presumió dicho apoyo con una calcomanía que pegó en la defensa de nuestra camioneta. Como consecuencia, mi padre, acosado por un columnista conservador local, perdió en la elección siguiente. En los años posteriores, fue como si se hubiera roto una presa de cien años de antigüedad. Mis padres tomaban autobuses a Washington para marchar contra la guerra. Abandonaron los clubes y la iglesia. Y cuando decidieron dejar esa casa a principios de los setenta, se les dificultó encontrar compradores afroamericanos, los primeros de la localidad. En algún momento de este proceso se volvieron demócratas.

Sin embargo, al mirarlos desde la perspectiva de un encuestador político, era difícil afirmar que habían dejado de ser republicanos. Vivían en vecindarios privilegiados y se beneficiaron del auge del mercado bursátil en los años ochenta. Mi padre siguió abordando los trenes que tradicionalmente llevaban a los republicanos de los suburbios a Center City. ¿Cómo iba a saber un estadístico que, en vez de viajar a Bar Harbor o St. Moritz, esta pareja vacacionaba en Nicaragua, para sumarse a un «escudo humano» y proteger al gobierno marxista local de los contras rebeldes respaldados por Estados Unidos? Mis padres estaban camuflados. Pero aunque habían abandonado a los republicanos, tampoco los demócratas sabían qué hacer con ellos. Como muchos otros estadounidenses (de la minoría políticamente comprometida), se habían liberado. La política ya no correspondía a la identidad que heredaron; ahora formaba parte de un extenso menú de opciones de consumo. La propaganda política llegaba todos los días, junto con señuelos para solicitar tarjetas de crédito y catálogos de jardinería. Mis padres la examinaban, buscando candidatos y asuntos de su interés, y tiraban lo demás a la basura.

Viéndolo bien, esa amplia gama de opciones de consumo ha penetrado en casi todas las facetas de nuestra existencia. Hoy en día, la gente busca vecindarios, religiones y arte culinario acordes a su estilo de vida. En tus manos está decidir si seguirás preparando las chimichangas o el gulash de tu abuela, o volverte vegetariano. Millones de nosotros buscamos climas y hasta países y ciudades para establecernos, desde Vancouver hasta Barcelona y los lagos aledaños a Guadalajara. Incluso la forma de nuestra nariz se ha vuelto una opción. Así que, ¿por qué no contar con este abanico de alternativas también en política? Es lo que nos planteamos cada vez más de nosotros y lo cual ahora obliga a los políticos, que antes nos identificaban por nuestros viejos grupos, a buscar las nuevas tribus y comunidades que formamos, basadas a menudo en intereses o valores. Las palabras «demócrata» y «republicano» se han convertido en términos confusos y anticuados que ya no describen a la mayoría de los estadounidenses. Para los políticos, millones de electores están perdidos o son indiferentes; como otros mercadólogos, quieren rastrearlos siguiendo sus datos. Sólo entonces podrán atraerlos.

Pero eso es mucho pedir. ¿Cómo podría Gotbaum, con su modesto presupuesto, cavar hondo en mí y en muchos otros electores para descubrir nuestras amarras filosóficas? Aunque entrevistara a mil o diez mil personas, ¿cómo podría usar la información que obtuviera para trazar las corrientes políticas de toda una nación? Y si a la mayoría no le gusta pensar ni hablar del tema, ¿qué tipo de datos expresarán las convicciones políticas no manifestadas (y a menudo desconocidas)?

Gotbaum sonríe y me remite a finales de 2005: «En ese entonces estaba muy claro que los republicanos habían gastado dinero para conocer a los votantes independientes. Yo regresaba de Hawai y pensé: 'Las corporaciones gastan miles de millones de dólares en investigación de mercado. ¿Por qué no poner dicha investigación a disposición de los demócratas?' Ésa fue mi noción». Así que a principios de 2006 convocó a dos investigadores de mercado y a un par de encuestadores políticos, y les pidió sondear los valores de los estadounidenses.

Un grupo cada vez más numeroso de compañías recopiladoras de datos vende la materia prima de este tipo de investigación —los detalles que componen nuestra vida—. Un buen ejemplo es ChoicePoint, con sede en Alpharetta, un suburbio de Atlanta,

Georgia. Esta compañía recoge silenciosamente resoluciones judiciales, transacciones fiscales e inmobiliarias, actas de nacimiento y defunción. Muchos de estos documentos han existido durante siglos en archiveros y expedientes de tribunales, pero el mérito de ChoicePoint es emplear a un ejército de recolectores para cosechar esos datos, a veces transcribiéndolos a mano. Luego los convierte en archivos digitales.

Los expedientes que antes se hallaban dispersos en legajos y edificios diferentes ahora pueden juntarse. Nuestros perfiles comienzan a cobrar forma y pueden viajar a través de redes alrededor del mundo. Gerentes de recursos humanos consultan nuestros archivos en ChoicePoint para saber si mentimos en nuestro currículo, o si olvidamos mencionar ese difícil año en que tuvimos problemas con la justicia. Ahora bien, mientras que ChoicePoint se limita a reunir datos de identidad, muchas otras compañías, como escribe Robert O'Harrow Jr. en su libro *No Place to Hide* [Sin lugar para esconderse], le ponen carne a esos huesos. Una de las más grandes, Acxiom, de Conway, Arkansas, posee registros de compras y estilo de vida de cerca de doscientos millones de estadounidenses, casi todos los adultos del país. Acxiom sabe cuánto pagaron por su casa, a qué revistas están suscritos y qué libro adquirieron dos días antes de viajar al Club Med en los Alpes. Esta compañía compra casi todos los datos disponibles de las personas, para luego revender selecciones de los mismos a quienes quieran dirigirse a ellas en algún tipo de campaña.

Si bien esas empresas aportaban los datos, Gotbaum necesitaba sacarles provecho: convertirlos en una herramienta para detectar a votantes bisagra. Es aquí donde entra J. Walker Smith, presidente de Yankelovich. Desde principios de la década de los setenta, esta firma de investigación, cuya sede está en Chapel Hill, Carolina del Norte, ha sondeado las veleidosas actitudes de la ciudadanía estadounidense. Compila sus tendencias en un informe titulado *Monitor*, cuyo lema lo dice todo: «¿En qué diablos están pensando?» Gotbaum supuso que una investigación de esta índole le permitiría crear un nuevo tipo de perfil político a fin de localizar a millones de posibles votantes demócratas.

En sus oficinas de Atlanta, Smith me comenta que *Monitor* se concentra en tres series de preguntas. La primera: ¿qué nos depara el futuro? ¿Parece promisorio? ¿Alarmante? ¿Emocionante? ¿Sombrío? La segunda alude a cómo le irá a la gente en ese futuro: ¿cómo definirá el éxito? ¿Como una sana vida familiar? ¿Ganar montones de dinero? ¿Ascender cada vez más, con mucho esfuerzo, en el mundo de los negocios? ¿Conseguir el respeto de un buen vecino, miembro sobresaliente de la comunidad? La tercera se refiere a las habilidades y las cualidades que la gente cree que necesitará a fin de alcanzar el éxito en los años y las décadas por venir. Aunque parezcan vagas, estas preguntas tocan la mayoría de los temas que nos hacen comernos las uñas de día y dar vueltas en la cama de noche: ¿qué nos espera? ¿Algo bueno o malo? ¿A dónde queremos que nos lleve la vida? ¿Qué haremos para lograrlo? Los mercadólogos de las industrias automovilística y turística consideran que estos estudios son útiles para decidir qué características van a promover en sus productos. Por ejemplo, si *Monitor* revela que el ánimo público da un giro hacia el nerviosismo, un fabricante de autos podría poner énfasis en los frenos antibloqueo y un chasís que soporta un choque contra un roble.

«Les comentamos a Joshua y a su equipo de Spotlight que esos valores podían servir para hacer perfiles de votantes», agrega Smith. La idea era no sólo identificar a votantes en un estado o distrito electoral clave, sino agrupar a todos los de Estados Unidos según un conjunto dado de valores. Gotbaum aceptó de inmediato, a pesar de que algunos de sus colegas temían que una encuesta de consumo llena de vagas preguntas de «valores» llevara a un callejón sin salida. El propio Smith no podía garantizar que funcionara: «No lo sabríamos sino hasta que lo intentáramos».

Así que siguieron adelante. A principios de 2006, en una maratónica sesión elaboraron una encuesta que combinaba las preguntas típicas de Yankelovich con otras nuevas. Indagaban, por ejemplo, si «cuidar a los niños de Estados Unidos» debía ser la prioridad número uno, si el país debía hacer «todo lo que fuera necesario» para proteger el medio ambiente, si se debía «reconstruir y fortalecer la visión compartida» sobre lo que significaba la comunidad estadounidense. También planearon preguntar a los entrevistados por cuál partido habían votado en elecciones recientes. Al final, calcularon que una persona tardaría un promedio de treinta y cinco minutos en contestar las ciento cuarenta preguntas de la encuesta. Era mucho pedir, pero Gotbaum confiaba en que aun quienes les colgaban el teléfono a los encuestadores políticos y a otros indeseables interlocutores dedicarían tiempo a responder preguntas sobre sus valores personales. «A la gente le gusta hablar de sí misma», afirma.

El siguiente paso fue elegir al grupo de prueba, la muestra de oro: tres mil personas que participaran en la encuesta. Entrevistarlas a todas sería la concienzuda misión de seres humanos; las computadoras armarían después los modelos extraídos de ellas y clasificarían a toda velocidad al resto de los estadounidenses. Naturalmente, ese grupo debía ser una muestra representativa de los electores. Gotbaum se cercioró de que cada una de las tres mil personas estuvieran representadas en la base de datos de consumidores estadounidenses de Yankelovich. De esta manera, su equipo dispondría de expedientes completos de todos los encuestados y podría cortar al grupo en rebanadas y cubitos a placer. Gotbaum quería saber si las personas preocupadas por el cuidado de los niños mostraban diferencias de una u otra forma —si vivían en cierto tipo de vecindario, si iban a la iglesia más seguido que otras e incluso si manejaban Pontiacs o comían mucho sushi—. No habría espacios vacíos en la muestra. Sus encuestadores comenzarían con sondeos por teléfono y después harían contacto con la mayor cantidad posible de esas personas para formularles preguntas complementarias por Internet. (Esta idea también generó acaloradas discusiones, recuerda Gotbaum, porque en la Red es difícil contar con una población representativa. Es probable que quienes responden encuestas en Internet sean ligeramente más ricos, jóvenes e instruidos que el electorado medio. Con todo, las nuevas y pequeñas empresas como Spotlight suelen tomar esos atajos para ahorrar dinero y más tarde ajustan los resultados a fin de incluir el sesgo.)

Para el verano, los encuestadores ya habían terminado sus

entrevistas y el equipo de Spotlight tenía montañas de nuevos datos. Gotbaum solicitó a Yankelovich y a otra empresa de investigación corporativa, StrataMark, analizar las respuestas sobre valores. «Les pedí que omitieran la política», explica, «y que nos dijeran, si segmentaban esta población con base en actitudes y valores, cuáles serían tales segmentos».

Al cabo de un mes, las dos compañías de investigación entregaron resultados paralelos. Ambas concluyeron que los electores se dividían en seis nítidas categorías de valores. Eliminaron la más pequeña, una de veintinueve personas que parecían molestas o ajenas al proceso político. No tenía caso crear campañas para ellas. Quedaron cinco grupos o segmentos orientados a los siguientes valores, como los describe Smith:

1. Ampliar las oportunidades para todos
2. Trabajar dentro de la comunidad
3. Conseguir independencia
4. Centrarse en la familia
5. Defender la rectitud

No se necesita haber estudiado ciencia política para adivinar cómo votarían dos de estos grupos. «Ampliar las oportunidades» parece la frase clave de un demócrata defensor de causas perdidas. Y el quinto grupo, el de la rectitud, da la inconfudible impresión de ser conservador.

El mismo Gotbaum descubrió mucha información. No le costó trabajo identificar los extremos, firmemente fincados en los bandos demócrata y republicano. Fue curioso que el tamaño del grupo demócrata básico, con un 37 por ciento del total, era más del doble que el de su contraparte republicana, la cual sólo tenía el 16 por ciento. Eso significaba que los republicanos lograban atraer a muchos más miembros de los tres segmentos intermedios, los de los votantes bisagra. Dichos segmentos, agrupados en torno a la comunidad, la independencia y la familia, representaban el 47 por ciento del electorado. Éstos eran los votantes que conducían al país de derecha a izquierda y viceversa, de Reagan a

Clinton a Bush a… bueno, cualquier candidato que supiera relacionarse con ellos. Algunas de esas personas veían al gobierno como un posible aliado; otras lo veían con desconfianza. Diferían enormemente acerca de la religión. Pero era claro que muchos votantes de cada uno de esos grupos estaban abiertos a la persuasión. ¿Qué los movía? Gotbaum creía que, para conquistarlos, los demócratas debían tocar esos valores básicos mencionados: comunidad, independencia y familia. Si él y su equipo eran capaces de identificar a miles de esos votantes en una contienda estatal o parlamentaria, los demócratas podrían elaborar mensajes personalizados para cada grupo. Según el plan de Gotbaum, el sistema de Spotlight localizaría a veinte mil o treinta mil miembros de cierto grupo de valores en una reñida contienda parlamentaria. Si la investigación indicaba que muchos miembros de ese grupo escuchaban cierta estación de radio religiosa o veían un programa de cocina por cable, el equipo de campaña los abordaría con un anuncio específicamente dirigido a ellos. Un método aún más preciso sería bombardear a cada votante con cartas y folletos calibrados con todo detalle. Gotbaum aún ignoraba en qué se centrarían esos anuncios. Para saberlo, debía desmenuzar más finamente los datos.

El equipo de Spotlight estudió las opiniones de cada persona para investigar qué tanto le interesaban las cuestiones de política y de valores. Al respecto, algunos integrantes de los grupos manifestaron compromiso y entrega, mientras que otros parecían más atentos a aspectos diferentes de la vida. Trabajando aún con su grupo de prueba original, Spotlight dividió en dos cada uno de los cinco segmentos: el más comprometido, y el menos. Era probable que los electores más comprometidos fueran los menos fáciles de convencer, pero también era probable que prestaran mayor atención y votaran. Además, el compromiso, en especial en los segmentos intermedios, no necesariamente se traducía en una inquebrantable lealtad a un partido u otro, sino más bien en valores particulares. Siguiendo la tradición de los mercadólogos del consumo, Spotlight dio a cada uno de esos diez grupos un nombre descriptivo, como Edificadores del Granero, Vigilantes del

Hogar o Brújulas Internas. Como señala Gotbaum, se trataba de tribus. Todos pertenecemos a esas tribus de valores (y muchas más) sin saberlo. Las tribus no tienen logo, ni historia, ni territorio propio, ni cocina o inclinación religiosa particular. Abarcan todas las razas y grupos étnicos. En este sentido, son un poco como las cubetas de consumidores de brócoli o de Mars Bars en los supermercados.

Hago una pausa y trato de pensar en alguno de mis conocidos que pueda ser un Vigilante del Hogar. Estas personas, de acuerdo con la descripción de Spotlight, se centran en la familia y la fe, pero se resienten ante cualquier tentativa de politizar esos valores. Son las menos comprometidas en el segmento de la independencia, aunque no tan rebeldes como los Edificadores del Granero. En una gráfica elaborada con colores, veo que los Edificadores del Granero tienden a ser más emprendedores y a participar más en la vida de su comunidad, en tanto que los Vigilantes del Hogar, como su nombre lo indica, se preocupan más por la satisfacción de la familia. Ambos grupos se adhieren a una «vida basada en la fe» y se inclinan por los republicanos, si bien los Vigilantes del Hogar son más propensos a guardarlo en secreto y se resisten a las «intromisiones de la mercadotecnia en su vida privada». (No parecen el grupo más prometedor para hacerle llamadas de campaña en una microselección de Gotbaum. «Sé que no te gustan nuestras llamadas», podrían decirles los encuestadores. «Pero ésta es distinta…»)

Paseo la mirada alrededor de este café en el que escribo. ¿Hay algún Vigilante del Hogar tomando capuchino por aquí? El estudiante universitario que está a mi derecha —pelo desaliñado, camisa de franela, libros de antropología sobre la mesa— tiene los pies subidos a una silla. Lleva puestos unos tenis Keds negros abiertos. Si es Vigilante del Hogar, lo oculta muy bien. A un lado se sienta un hombre maduro que lleva anteojos de carey y luce un impecable chaleco azul de cuello V sobre una camisa azul claro acabada de planchar. Pienso que es domingo y quizá viene de la iglesia… Pero ¿no debería estar en casa, con su familia? Abre una *laptop* Apple (exactamente igual a la mía) y al instante corrijo mi percepción. Tal vez estoy ante un Clic Derecho que tiene gusto por la tecnología: otra tribu que se inclina hacia los republicanos. (Este tipo de personas apoyó en 1992 la candidatura independiente de H. Ross Perot, antiguo empresario dedicado a la alta tecnología. Sus parientes —más tranquilos—, los Centinelas Cívicos, se sienten menos distanciados económicamente que los Clics Derechos, pero se preocupan más por la seguridad y la tranquilidad económica.) Tomando en cuenta dónde nos encontramos, el enclave neoliberal de Montclair, en Nueva Jersey, cabe la posibilidad de que el hombre maduro sea una moderada Brújula Interna, alguien que insiste en la salud general. Parece muy entusiasta, aunque con un chaleco como ése uno nunca sabe... En el mismo grupo bisagra están quienes se interesan en la satisfacción profesional y el éxito material: los Guardias de Crucero. ¿Será? En fin, podría seguir especulando hasta que se enfriara mi café. Si éste fuera un estudio sobre modas o tecnología, mis propias observaciones me proporcionarían información. Podría documentar mis conclusiones. Pero es imposible adivinar las posturas políticas de otras personas, aun de quienes teclean en sus *laptops* a dos metros de mí. Eso lo dice Gotbaum a cada rato. Los votantes no llevan uniforme. A menos que me acerque a la mesa de ese hombre y le aplique el cuestionario de Spotlight, no hay manera de saber a qué grupo pertenece.

Una borrascosa tarde en Nueva York, le pregunto a Gotbaum si puedo contestar la prueba. No le encanta la idea, pues le preocupa que mi conocimiento del proceso sesgue los resultados. Sin embargo, termina por acceder y al día siguiente me manda por correo electrónico un cuestionario. Me decepciona ver que no es la versión de treinta y cinco minutos, sino una muestra abreviada. En el curso de la investigación, me explica Gotbaum, el equipo de Spotlight descubrió diecisiete preguntas que predicen, con una exactitud del 92 por ciento, cómo responderá la gente las demás. Por eso redujeron la encuesta. Tardo cinco minutos en contestar las preguntas de opción múltiple sobre religión, escuela, mi comunidad y el país. Al día siguiente recibo los resultados: me entero de que soy un Agua Tranquila, el ala menos comprometida del grupo demócrata básico. Es la mayor de las diez tribus y representa el 19 por ciento del electorado estadounidense. Aunque 87 por ciento de los Aguas Tranquilas se identifican con los demócratas, son «de mente independiente». Sigo leyendo. Ven «un papel positivo para el gobierno», pero un distanciamiento de la «vanguardia política». Los aliados alborotadores de los Aguas Tranquilas son los Ingeniosos, que aprecian a los emprendedores menos que los Aguas Tranquilas. Ningún grupo muestra gran interés por la cuestión de la fe.

Le digo a Gotbaum que su puntería casi no falló, si bien, como le hago ver, fui yo quien lo buscó y se ofreció a someterse al análisis. La mayoría de los votantes jamás lo haría ni en sus más remotos sueños. ¿Cómo puede determinar Gotbaum en qué tribus encaja el resto del electorado? ¿Cómo puede descubrir, por ejemplo, a diez mil Edificadores del Granero en Tuscaloosa o Duluth? Sólo hasta que organice a toda la población estadounidense en tribus, sus clientes políticos no sabrán por dónde empezar.

Aquí es donde los archivos de consumidores se vuelven útiles, observa Gotbaum. Para meter a todos los estadounidenses en sus grupos, sin tener que tocar millones de puertas, el equipo de Spotlight dragó la vasta base de datos de Yankelovich, de ciento setenta y cinco millones de consumidores (treinta y tres millones más de los que votaron en las elecciones de 2004). Durante todo el verano de 2006, estadísticos y recopiladores de datos buscaron configuraciones en esos archivos, las cuales ayudaran a clasificar a prácticamente todo el electorado de Estados Unidos (junto con millones de no votantes) en las diez tribus políticas.

Para elaborar los perfiles políticos y efectuar la clasificación, cosecharon infinidad de indicios que mostraran aun la más tenue relación con la política. Es lo que se conoce como aproximaciones, o sustituciones. En eso se apoyan los estadísticos cuando no tienen las respuestas exactas. He aquí un ejemplo. Imagina que estás a cargo de organizar un banquete de bodas y —¡horror!— perdiste todos los formularios que los invitados llenaron con su selección de cena. Eres demasiado orgulloso o miedoso para seguir la sencilla estrategia de preguntar a la gente si prefiere las salchichas o el fricasé vegetariano. Así que estudias a las personas y buscas señales que podrían asociarlas con uno u otro platillo. Un hombre cuenta ruidosos chistes y posee un marcado acento que parece de Wisconsin, cuyos habitantes, con su herencia alemana, comen carretadas de embutidos, así que le das las salchichas. Destinas el platillo vegetariano a las mujeres delgadas, los hombres con cola de caballo, un chico que lleva en la solapa un botón con la leyenda «Salvemos a las ballenas». Cualquiera que está pasado de peso o que toma cerveza en vez de vino recibe salchichas. Juzgar a la gente con base en aproximaciones es poco fino; no obstante, así es como la mayoría de nosotros pensamos. Analizamos las pautas que conocemos (o en las que confiamos) para sacar conclusiones sobre los demás. Las más burdas entre estas conclusiones dan origen a los fundamentos del prejuicio y el racismo, y a menudo son erróneas o injustas. En este banquete de bodas, unos cuantos invitados recibirán inevitablemente el platillo equivocado. Sin embargo, si eres hábil para captar esos indicadores, atinarás más de lo que te equivoques. Y si, como Joshua Gotbaum, tienes cientos de datos puntuales sobre cada persona y un grupo de estadísticos que los cierna, podrás empezar a poner en tribus a millones de personas. (Es común que al final se nos agrupe junto a otros miembros de nuestra familia, pues compartimos la mayoría de nuestros detalles, desde el monto de la hipoteca hasta la suscripción a determinada revista.)

Entonces, ¿qué características de mis datos me identificarán (y también a mi esposa) como Agua Tranquila? Los estadísticos de Spotlight pueden hurgar en todo tipo de detalles. Smith cuenta que es más probable que los dueños de gatos sean demócratas. (Nosotros tenemos dos gatos.) Los republicanos prefieren a los perros. (Nosotros no tenemos ninguno, aunque a mí eso no me gusta.) Los Aguas Tranquilas tienen más probabilidades que sus apasionados parientes, los Ingeniosos, de contar con estudios universitarios, estar casados y tener a hijos viviendo en casa. (Sí, sí, sí.) Los Aguas Tranquilas mostramos más interés en cocinar que otros grupos. Una suscripción a una revista de gastronomía, continúa Smith, ayudaría a identificarme. (No tuvieron esa suerte conmigo.) Estos detalles sobre mascotas, hijos, cocina y educación universitaria son aproximaciones. Pueden tener relevancia estadística, pero distan mucho de ser evidencias. En el otro extremo de la escala, afiliarse a un partido es una nítida declaración política. (Como muchos Aguas Tranquilas de mente independiente, yo no pertenezco a ningún partido.) Una señal aún más persuasiva es el registro de un donativo en efectivo hecho para un candidato político. (Mi esposa dona. Si asociaran sus donativos conmigo, ello me involucraría, como ocurrió con mi padre por la calcomanía que mi madre pegó en la defensa.) Los informes de donativos personales aportan datos concluyentes y dejan atrás el nebuloso mundo de las aproximaciones. Es como si el encargado del banquete de bodas viera al escandaloso sujeto del Medio Oeste devorar un plato de salchichas. Una vez que el comensal se ha declarado consumidor de salchichas, su acento y otras aproximaciones estadísticas salen sobrando (de todas maneras, no sería imposible que ordenara el platillo vegetariano).

Hasta donde sé, a menos que los recopiladores de datos políticos me vinculen con los donativos de mi esposa (ella tiene diferente apellido, pero la misma dirección), yo estoy perdido en medio de una multitud de electores. Esto significa que tendrán que indagar en busca de aproximaciones. ¿Cuáles más revelan información? Lo típico es concentrarse en el vecindario, el origen étnico, el nivel de ingresos, el género y la asistencia a la iglesia, todos los elementos que se mantuvieron constantes en el caso de mis padres y que no dieron señales de su radical cambio político. Vuelvo con Smith, de Yankelovich, y le pregunto: ¿cuáles datos son más reveladores, esas variables antiguas o el interesante tema de gatos y revistas de cocina? Responde que una cosa no excluye a la otra. Él comienza por los grupos tradicionales y luego se sirve de los datos más recientes para detectar a quienes no se ajustan al molde. De todos los detalles de mi expediente, el primero que Smith tomaría es que vivo en Essex, Nueva Jersey, un condado demócrata. Los condados de todo Estados Unidos son azules o rojos, argumenta, y ése es un buen punto de partida.

Me parece absurdo. Le digo que, aunque mi condado en general vote por los demócratas, es muy diverso. Se extiende al norte desde el distrito semidemócrata de Newark, atraviesa enclaves relativamente liberales como Montclair y va a dar a suburbios republicanos. Él contesta que ése no es el fin del análisis, sino el principio. Spotlight aplica un algoritmo a los condados demócratas para encontrar posibles republicanos, personas ansiosas de volver al redil o de convertirse. En los condados rojos, aplica una fórmula distinta para detectar señales de azul. En las primeras etapas de este proceso de clasificación, se buscan excepciones a la regla. Quienes parezcan diferentes son posibles votantes bisagra.

¿Qué los hace diferentes? Los recopiladores de datos exploran detenidamente en cada condado. El dinero es la clave. Si los vecinos que están a dos casas de nosotros perciben tres veces más del ingreso promedio en nuestra manzana, si gastaron dos veces más de lo que yo invertí en mi casa, sobresalen. ¿Por qué no viven entre los de su especie? Ello podría ser una señal de que tienen valores diferentes. La fórmula de Spotlight investiga su edad y si tienen hijos que viven en casa. «Todo esto es importante», declara Smith. «Entre 40 y 50 por ciento de la varianza en los valores de las personas puede explicarse con sólo conocer su situación y las características de su familia.» (Siguiendo con mi caso, todos esos detalles no hacen sino confirmar que mi esposa y yo encajamos perfectamente en las pautas de un vecindario de Montclair repleto de Aguas Tranquilas.) Ahora bien, mientras ahondan en la información, los recopiladores podrían encontrar algo que nos distinga. Empiezan a examinar cosas más específicas, incluidos los más recientes datos de nuestra conducta.

Debo apuntar que este largo proceso, el cual podría interpretarse como obra de un solo analista que indagara incansablemente en archiveros, corre a cargo de una computadora que lo lleva a cabo en una fracción de segundo. La computadora pasa volando entre los vecinos, el género y el grupo étnico de la persona; estudia sus suscripciones a revistas y su historial crediticio. Revisa si vive en una casa móvil o de interés social, o si alguna vez ha viajado en un crucero. En total, procesa más de cien datos de cada elector. En este mar se hallan pistas que le permiten —al menos en teoría— trazar el perfil de cada uno de ellos como animales políticos para predecir su conducta. Cada segundo realiza una gran cantidad de estos análisis.

Veamos cómo podría identificar Spotlight a los Clics Derechos orientados a la tecnología, quienes representan el 6 por ciento del electorado. (¿Por qué el nombre de Clics Derechos? Quienes saben de computadoras conocen todos los trucos adicionales que se pueden hallar haciendo clic con el botón derecho del ratón. Los demás hacemos clic principalmente con el izquierdo.) Los Clics Derechos son la mitad más comprometida del segmento orientado a la familia, el cual comparten con los Centinelas Cívicos. Se inclinan por los republicanos. Pero si un candidato demócrata al Congreso diera con una lista de, digamos, diez mil de ellos, podría abordarlos por correo aludiendo a sus valores tecnolibertarios. Podría subrayar, por ejemplo, que el alto grado de vigilancia gubernamental sobre las comunicaciones en Internet es una intromisión, al estilo del Gran Hermano, en nuestra privacidad, y que él propondrá un método para buscar terroristas más sofisticado en sus aspectos tecnológicos.

El método estadístico que utiliza Spotlight para identificar a esa tribu se conoce entre los expertos de los datos como análisis de discriminación múltiple. Usando el grupo de prueba original, los investigadores crean un modelo de Clic Derecho que después aplicarán al electorado en general. Dicho modelo condensa una clasificación de los detalles que distinguen con mayor probabilidad a cada grupo. Supongamos, me dice Smith, que la mayoría de los Clics Derechos de la población encuestada por Spotlight son hombres, tienen conexión de banda ancha a Internet y pertenecen a la raza blanca. ¿Cuál de las tres variables tiene más probabilidades de distinguirlos de las demás tribus? Dada la naturaleza de ese grupo, es probable que sea la banda ancha. Considerado por sí solo, éste es un factor de predicción sumamente impreciso. Muchos tenemos banda ancha. Pero aquí la atención está puesta en la discrepancia estadística, o la varianza, en suscripciones de banda ancha. ¿Con cuánta mayor frecuencia los Clics Derechos contratan esas suscripciones que el resto de los estadounidenses? El equipo de Smith calcula ese número y lo usa para formar la primera pieza del modelo. El proceso continúa. El equipo descubre la segunda variable más importante, y la tercera, y sigue vertiéndolas en la computadora. Smith dice que los investigadores no se detienen sino hasta llegar a una categoría —que podría ser la número cincuenta o sesenta— que consideran estadísticamente irrelevante. Tal vez el hecho de que un votante en particular no tenga perro no sea de mucha importancia. Mientras los investigadores introducían variables cada vez menos predictivas, la máquina digería en silencio todas las clasificaciones de probabilidad y las convertía en un prototipo matemático de un Clic Derecho. Éste es un modelo preliminar. Usándolo, en teoría la máquina puede cerner otros registros de consumidores y distinguir satisfactoriamente a Clics Derechos. El equipo lo prueba. Si el modelo falla y pone a demasiados Edificadores del Granero o Guardias de Crucero en el conjunto del Clic Derecho, el equipo hace un ajuste y vuelve a realizar pruebas.

Estos modelos, al ser soltados como si fueran sabuesos, pueden olfatear votantes en todas partes. Imagínate que recorren las ciudades y los campos de cultivo de Estados Unidos. No van tras el olor de sospechosos de asesinato y violación (ése es un dato sensorial), sino que se les ha alimentado con perfiles matemáticos. Los vecindarios que rondan existen en una base de datos. Cada vez que pasan por la casa de alguien que parece coincidir con uno de esos perfiles —así se trate de un conservador Autosuficiente (comprometido con la iniciativa individual y «que se caracteriza por creer firmemente en una mano divina que interviene en los asuntos humanos») o de los nostálgicos Intransigentes (quienes sueñan con regresar a valores del pasado y creen que las ambigüedades modernas «amenazan un estilo de vida comprometido con el patriotismo, la fe, la familia, la comunidad y la moral»)—, los sabuesos rascan, gruñen, ladran o hacen lo que sea necesario en esa matriz de números para dejar una huella. (Buen perro. Perro listo.) Yankelovich, de hecho, ya ha aplicado modelos de valores de Spotlight a cada nombre de su gigantesca base de datos. Así pues, unos ciento setenta y cinco millones de estadounidenses ya han sido clasificados como miembros involuntarios de una u otra de las diez tribus de Spotlight.

Mientras Gotbaum me describe este método, pienso más allá de esos perros imaginarios. Si sabuesos políticos pueden crear modelos de ciertos tipos de personas, ¿qué tan lejos podrían llegar otros investigadores? Las cárceles estadounidenses alojan a una población cada vez más abundante y variada de criminales. En estos momentos en que escribo, otros lugares, desde las sofocantes barracas en Guantánamo hasta los tanques de almacenamiento en Medio Oriente, esconden a sospechosos de terrorismo. ¿Y si los investigadores buscaran entre los datos personales de pederastas convictos y luego elaboraran un modelo matemático del pedófilo? ¿Sería correcto que escuelas o iglesias seleccionaran a solicitantes de empleo usando esa medida? Si esta herramienta tiene una correlación probada —de 50 u 85 por ciento, por decir algo—, ¿esas instituciones cumplirían su obligación de proteger a los niños si la pasaran por alto? ¿Podrían ser legalmente responsables? ¿Y qué hay de quienes, siendo inocentes, apareciéramos como falsos positivos en esos análisis? ¿Podríamos demandar? Conforme los Numerati avancen, crearán perfiles de incontables aspectos de la conducta humana, lo que planteará tortuosas cuestiones morales, que hasta ahora no hemos sabido responder.

Gotbaum me dice que su proyecto fue un éxito. Asegura que sus rastreadores políticos lograron identificar a los tres grupos de votantes bisagra con una precisión de 75 por ciento. En muchos terrenos, que uno de cada cuatro pronósticos sea incorrecto significaría un absoluto fracaso. Pero para un político en estos primeros tiempos de la microselección de objetivos, llegar a siete mil quinientos votantes con un mensaje específicamente dirigido a ellos es motivo de celebración, y más si el mensaje se extiende a dos mil quinientos votantes más. Es una proporción de aciertos mucho mayor que la que puede alcanzar la televisión. Para llegar con un anuncio político a mi comunidad del norte de Nueva Jersey, por ejemplo, es común que los candidatos tengan que comprar tiempo de emisión en costosas estaciones de Nueva York. Esto quiere decir que su mensaje cubre a millones de personas de Nueva York y Connecticut que jamás podrán votar por ellos. Asimismo, pagan para llegar a una gran cantidad de niños, inmigrantes ilegales y una notable multitud con derecho a voto que no se molesta en ir a las urnas. Con campañas habituadas a tales grados de desperdicio, llegar a un votante específico en tres de cada cuatro intentos parece demasiado bello para ser verdad.

Viéndolo al revés, a la cuarta parte de los estadounidenses —43.75 millones de votantes— se les ha asignado una tribu equivocada. Gotbaum dice que el margen de error se reduce a colocar a los votantes en un grupo adyacente. En otras palabras, el sistema estuvo muy cerca de acertar, y no confundió a conservadores cristianos con comunistas. Con todo, ¿qué ciencia se equivoca una cuarta parte de las veces? Para decirlo en una palabra: ésta. Aquí, como en los demás territorios de los Numerati, la clave es olvidarse de la verdad, o al menos dejarla de lado. Mientras que la verdad es vital y altamente relevante en el mundo de las máquinas (los ingenieros aeronáuticos tienen fe ciega en ella), el tipo de análisis estadístico del que se habla aquí, ya sea que prediga nuestra conducta como buscadores de casas o consumidores de vino, es un estimado por naturaleza. Se basa en la probabilidad. Implica todo tipo de aproximaciones en vez de evidencias reales. La verdad no es una prueba inflexible para los Numerati. Triunfan si dan con respuestas mejores, más rápidas o más baratas que las existentes. Google, por ejemplo, no ofrece respuestas definitivas. Sencillamente nos conduce a páginas de Internet que quizá contengan lo que buscamos. En menos de un segundo suele ponernos en el contexto correcto. Y debido a que el estándar anterior de búsquedas en Internet a menudo nos dejaba perdidos y sin timón, Google se elevó hasta las alturas. Sus aproximaciones, por burdas que sean, convirtieron en gigantes a un grupo de Numerati creadores de algoritmos.

Lo mismo vale para la política. ¿Los Numerati pueden concebir modelos que vinculen a candidatos con electores al precio justo? ¿Hay áreas en las que podrían desentenderse del orden establecido, los líderes distritales y la publicidad en televisión? Cada vez más, los dos grandes partidos estadounidenses concluyen que la respuesta es sí. Por eso, la microselección de objetivos políticos —el dominio de los Numerati— es el último grito de la moda.

A comienzos de 2001, el principal estratega político del presidente Bush, Karl Rove, seguía preguntándose qué había salido mal. Al analizar las últimas setenta y dos horas de las elecciones del mes de noviembre anterior, resultaba que el equipo de Bush había encabezado todas las encuestas, pese a lo cual Al Gore ganó el voto popular. Y estuvo a unos cuantos puntos y un voto de la Suprema Corte de arrasar con todo. ¿Qué podía hacer el equipo de Bush para garantizar que eso no se repitiera?

En los meses siguientes, Rove integró el 72-Hour Task Force (Grupo de Trabajo 72 Horas) con varios estrategas. Más adelante, el grupo resumió sus conclusiones en una presentación de Power-Point que circuló en el Partido Republicano. Proponían todo tipo de mejoras, desde emitir un mensaje congruente hasta reclutar a voluntarios el día de la elección. Pero una de las más destacadas era la microselección de objetivos. «Según el adagio más antiguo de la publicidad», decían las notas que acompañaban a las diapositivas, «siempre es más fácil venderle a la gente lo que quiere comprar». Con ese fin, el grupo de trabajo de Rove instó a los activistas del partido a «hacerse de todas las listas que puedan conseguir, y añadir esa información a su archivo de votantes. Pueden incluir a quien sea, desde listas de agentes inmobiliarios y de afiliados a cámaras de comercio hasta directorios de iglesias y asociaciones profesionales... Debemos hacernos a la idea de que ninguna lista es pequeña».

En *Applebee's America,* Dowd, el estratega de campaña de Bush, y sus coautores detallan el método republicano. La meta fue trazar el ADN político de los votantes de Michigan, importante estado bisagra. Al igual que Spotlight, el equipo de Bush combinó las encuestas con grandes bases de datos de conducta del consumidor. Pero el método fue diferente. Las preguntas tocaban muy de cerca temas políticos. En vez de indagar los valores esenciales, este equipo midió las reacciones a temas políticos ya presentes en el debate público. Sólo era cuestión de deducir cuáles de éstos interesaban al electorado. ¿A los votantes les disgustaba la perspectiva del matrimonio *gay*? ¿Temían ataques terroristas? ¿Les indignaba el esmog o la pornografía infantil en Internet? Cuando el equipo terminó las encuestas, combinó datos encuestales y demografía para crear treinta y un segmentos depurados, como Moderados ante el Terrorismo y Republicanas Endebles de Edad Madura. Enseguida usó todos los datos que pudo conseguir, desde suscripciones de revistas hasta registros electorales, para clasificar a los votantes de ese estado. «Si Fulano ganaba ciento cincuenta mil dólares, manejaba un Porsche, estaba suscrito a una revista de golf, pagaba cuotas a la Asociación Nacional del Rifle, y le decía a un encuestador de Bush que era un conservador a favor de la reducción de impuestos y que respaldaba la guerra del presidente contra el terrorismo, el equipo de Bush deducía que cualquier persona con estilo de vida similar tendría opiniones políticas parecidas», refieren Dowd y su equipo.

Imaginemos a un votante más difícil de clasificar que ese habitante acomodado de los suburbios. Podría vivir en la misma calle y ganar mucho dinero, pero, según los registros, en la última década votó dos veces en una elección primaria demócrata. Y maneja un Subaru de diez años de antigüedad, auto liberal si alguna vez lo hubo. Hmmm. Los analistas políticos examinan crecientemente a los votantes y les otorgan puntuaciones numéricas, a la manera de las calificaciones de riesgo de crédito de Fair Isaac. En la contienda por la gubernatura de Virginia en 2005, por ejemplo, cada elector de ese estado recibió una «calificación de probabilidad», de 0 a 100, de que votaría por el candidato demócrata, Tim Kaine. El inescrutable conductor del Subaru que acabo de describir habría podido obtener una calificación de 50. Este sistema de puntuación facilitó la selección de objetivos. El equipo de campaña de Kaine descartó a los votantes con baja calificación, y apenas si se molestó con los de calificaciones de 90 o más (salvo como posibles donadores). Eso habría sido gastar saliva y derrochar recursos. En cambio, se concentró en los promisorios votantes bisagra, cuyas calificaciones iban de 55 a 75. «Si uno tenía 60, se establecía comunicación con él. Todos los perseguíamos», recuerda Mike Henry, el coordinador de la victoriosa campaña de Kaine.

Pero, ¿qué mensaje le transmitían a esa reserva de votantes bisagra en Virginia? Joshua Gotbaum argumentaría que representaban un enorme estofado de Edificadores del Granero, Centinelas Cívicos y Vigilantes del Hogar, acompañados quizá por unos cuantos Clics Derechos y Brújulas Internas. Su método propondría dirigir a cada grupo un torrente distinto de mensajes por correo y por teléfono. Incluso, un mismo asunto —elevar el salario mínimo, por ejemplo— habría de tratarse desde ópticas distintas. A los Brújulas Internas preocupados por la comunidad se les diría, por ejemplo, que sus vecinos necesitaban un salario decente para llevar una vida sana, y a los conservadores Centinelas Cívicos, que un salario mínimo más alto daría a las familias trabajadoras lo necesario para valerse. En la contienda en Virginia, el equipo de Kaine tuvo que elegir temas que atrajeran a todos esos grupos bisagra. Tras una gran encuesta de electores, se concentró en mejores escuelas y carreteras. Pero eso fue en 2005. Henry asegura que en futuras elecciones la selección de objetivos será mucho más sofisticada. Él y otros —en especial quienes trabajaron con el candidato presidencial demócrata Barack Obama— se preparan para una explosión sin precedente de la guerra política alimentada por los datos.

Esos individuos tendrán que vérselas con mayor complejidad estadística, más allá de las tribus que he mencionado. Piensa un segundo en uno de esos votantes de Virginia. ¿Cuánto vale un 90 si sólo vota una vez en una década? ¿Y un 55 que hace frente a tormentas e inundaciones para llegar a las urnas? Son cruciales dos variables: nivel de apoyo y probabilidad de votar. Así que ahora los Numerati políticos echan mano del instrumental de los economistas para calcular una tasa proyectada de rendimiento de cada dólar de publicidad y promoción gastado en los ciudadanos estadounidenses. En otras palabras, ¿cuánto costará convertir a alguien en un voto a favor?

«Yo trabajaba al lado de un economista teórico con quien estudié el posgrado», me dice Mark Steitz, antiguo consultor demócrata que labora en un ayuntamiento en la avenida Connecticut, más allá de los cafés y librerías de Dupont Circle, en Washington. «Empezamos a pensar abstractamente en la mejor manera de formular este problema», dice. «E ideamos este triángulo.» Hace clic en su computadora, y aparece una imagen roja y azul en la pantalla. Este llamado triángulo símplex representa el universo de votantes en una elección. La posición de cada votante en el triángulo está determinada por dos cálculos: la probabilidad de que favorezca a los republicanos o a los demócratas, y la probabilidad de que vote. Steitz traza una línea vertical sobre el triángulo, una isocuanta. Señala que, a lo largo de esta línea, cada votante es de igual valor. Una persona que se inclina por los demócratas el 75 por ciento de las veces y vota en todas las elecciones está en la misma isocuanta —y tiene el mismo valor— que una 100 por ciento demócrata que vota en tres de cada cuatro elecciones. Estos dos votantes, dice Steitz, «son indistinguibles para mí». En esta etapa, su triángulo es teórico en gran medida. Pero cuando los políticos sepan más sobre los electores, podrán incluirlos en más de estos tipos de fórmulas matemáticas.

Entre tanto, los cálculos no hacen sino complicarse, tendencia que juega a favor de las fortalezas de los Numerati políticos. Resulta que algunos votos valen mucho más que otros. Cada parte en una elección necesita únicamente el 50 por ciento de los votos, más uno. Ese voto podría valer millones de dólares, como lo mostró el puñado de votos disputados en Florida en la elección de 2000 entre George W. Bush y Al Gore. En cambio, un voto que eleva a un candidato a 60 por ciento, o lo baja a 40 por ciento, tiene un valor simbólico. Y ese último votante indeciso, de acuerdo con el triángulo de Steitz, será el que cueste más trabajo atraer. Cuando los Numerati desarrollen herramientas para modelar a los votantes y medir la efectividad de los gastos de campaña —su «rendimiento», en términos económicos—, los partidos políticos podrán examinar cada elección como un mercado. Conforme las encuestas fluctúen, el valor relativo de cada votante aumentará y disminuirá. Algunos serán materiales de desecho baratos y virtuales. Otros, prohibitivamente caros, y no valdrán el costo de la inversión. Pero quienes se perfilen como diferenciadores serán objeto de señuelos cada vez más personalizados. Los analistas sabrán quiénes batallan con las colegiaturas universitarias y quiénes temen que su empleo emigre a la India. Algunos podrían expresar incluso preocupación por un brote de rabia que amenace a sus gatos. Si los políticos lo entienden correctamente —lo cual no es seguro—, los mensajes de las campañas tocarán los intereses de los electores y reflexionarán sobre sus valores. Al parecer, los políticos al fin los comprenderán. ¿Quién sabe? Tal vez hasta aprendan a no llamarles por teléfono a la hora de la cena. Los votantes se sentirán apreciados, así sea apenas durante las breves semanas de una frenética campaña.

4

EL BLOGUERO

«Déjame contarte mi larga historia, que me he dado tiempo de relatar.» Estas palabras me llaman la atención. Le doy un sorbo a mi café y sigo leyendo.

Es la extensa entrada de un blog escrita por una mujer que se hace llamar «Lágrimas de Lujuria». Cuenta que maneja toda la noche en compañía de su novio, Kenny, y una amiga, Lizzy, rumbo a Columbus, Ohio, para asistir a una convención Anime. En el trayecto, Kenny empieza a sentirse mal, y cuando llegan a Columbus, «pierde el conocimiento en la cama [del hotel]».

Kenny termina en el Grant Medical Center de Columbus, donde lo someten a una operación de urgencia por apendicitis. «Llamó por teléfono a unos familiares antes de desvanecerse», escribe Lágrimas de Lujuria. «Lizzy y yo nos quedamos en la sala de espera. Vimos *Kill Bill* y nos leímos una revista una a la otra antes de volver a la cafetería, que estaba cerrada pero tenía las mejores máquinas despachadoras, como unas que rotaban y otras de cosas refrigeradas. Era increíble.»

La historia sigue. Es una saga médica entretejida con las aventuras y los antojos de una consumidora. «En cierto momento, [Kenny] creyó oír que su difunta tía le hablaba y pensó que iba a morirse durante la operación.» Pero no fue así. Kenny se recupera mientras la autora y Lizzy ven muy a gusto *Memorias de una geisha* y *El código Da Vinci* en DVD. Luego nos enteramos de algunos detalles de los problemas estomacales de Kenny, sus pulmones casi destrozados y un absceso que se le ha formado. Está tan débil que días después, cuando hace el amor con Lágrimas de Lujuria, ella tiene que trepársele con mucho cuidado, «como una enfermera traviesa».

Ésta es una rápida zambullida en la blogósfera, un mar inmenso y en expansión lleno de datos nuestros, aun los más personales. Hasta aquí hemos visto cómo los jefes pueden rastrear nuestros correos electrónicos, saber por qué nos retrasamos en el trabajo y hacernos cada vez más productivos. También hemos visto de qué manera los anunciantes quieren convertir nuestros clics y movimientos en modelos matemáticos que anticipen cada uno de nuestros impulsos. Y cómo son otros los que hacen lo que quieren con nuestra montaña de datos, que cada vez es más grande. Los toman, los analizan, los usan. Ya sea que vayamos de compras o solicitemos un préstamo, trabajamos para los Numerati de la misma forma que una drosófila está a disposición de un técnico de labotatorio con bata blanca. A veces obtenemos descuentos y recompensas. A veces podemos decir que no. Pero una vez que aceptamos una oferta, nos convertimos en muestras de estudio. En cambio, en el mundo de los blogs y YouTube y las páginas de redes sociales como MySpace, millones de personas divulgan su vida voluntariamente. Acumulan carretadas de detalles. La privacidad, si acaso, se nos viene a la mente al último. Las personas como Lágrimas de Lujuria no son peones, pues son las que dirigen la blogósfera. Sin embargo, eso no significa que no puedan ser usadas.

Una gélida mañana de invierno en Nueva Jersey, llevo mi *laptop* a un café y entro a Technorati, un buscador de blogs. Quiero encontrar un *post* o artículo que contiene el tipo de detalles privados que la mayoría de mis amigos y conocidos suelen guardar en secreto. Para limitar el campo a autores informales que no se guardan nada, tecleo la palabra «diahrrea», mal escrita, en el cuadro de búsqueda. El primer artículo que aparece es el de Lágrimas de Lujuria.

Para los investigadores de mercado, los artículos de blogs como éste abren una ventana a la vida de una persona. Blogs y redes sociales ofrecen ideas brillantes al minuto, algo con lo que los mercadólogos siempre han soñado. Durante décadas, los fabricantes de jabón y de cerveza, así como los estudios cinematográficos, han intentado reproducir el mercado, a muy alto costo, mediante *focus groups,* o grupos de prueba. Estos pequeños grupos, generalmente compuestos por entre ocho y doce personas, aceptan comer los caramelos o usar la pasta dental más recientes, ver anuncios de la competencia o estrenos de Hollywood. Los mercadólogos están atentos a la reacción de estas personas —si se retuercen o bostezan al ver las películas de terror, si asienten con la cabeza o muestran desacuerdo cuando les pasan un anuncio con un ataque político—, deben sacar el máximo provecho de cada sesión, porque integrar grupos de prueba es costoso, y los presupuestos, limitados.

Ahora que personas como Lágrimas de Lujuria publican sus opiniones de los productos más diversos, es como si en la Red se formaran grupos de prueba interminables. Participan decenas de millones de personas. Muchas escriben profusamente. Y desde el punto de vista de los mercadólogos, por fortuna muchas pecan de indiscretas sobre casi cualquier tema. Es verdad que algunas, como Lágrimas de Lujuria, protegen su identidad o al menos se cambian de nombre. A los mercadólogos eso no les importa; lo que los deleita es la posibilidad de contemplar a sus anchas la maquinaria que mueve la influencia del grupo, el prejuicio y el deseo.

Los blogueros suelen ser más jóvenes y hábiles con la tecnología que el consumidor medio. En términos estadísticos, no reflejan a la sociedad en su conjunto. Aun así, constituyen una enorme y muy diversa reserva de personas, cuyo número asciende a más de veinte millones. Hay abuelas que bloguean. Altos ejecutivos bloguean. Esos diarios en línea son una fuente para que los mercadólogos busquen opiniones sobre casi todos los asuntos y rastreen tendencias. El único problema es que nadie contrata a equipos de lectores suficientemente grandes para seguirles el paso a los blogs. Nadie podría. Es demasiado texto para los ojos humanos. Y los temas de los blogs, al igual que nuestra vida, abarcan todas las esferas. Sería imposible organizarlos. Así las cosas, las computadoras son la única opción para recoger y archivar las ideas que surgen de los blogs.

El invierno ha tendido su manto blanco en Colorado. Cada fin de semana parece soplar una nueva tormenta de nieve, por lo que no es de sorprender que yo consiga rentar un auto convertible a precio de fábula. El viento azota el techo de lona mientras atravieso Denver en dirección al oeste; luego doblo al norte, hacia las montañas nevadas y la ciudad universitaria de Boulder, sede también de Umbria Communications. Esta compañía recolecta los millones de palabras que se escriben en los blogs cada hora, con el propósito de saber qué pensamos tú y yo, y todos los demás usuarios. En especial, le interesa saber qué deseamos.

Howard Kaushansky, presidente y fundador de Umbria, me llamó la atención desde el principio, cuando me describió en qué consistía el negocio de Umbria durante una visita que hizo a Nueva York. «Convertimos el mundo de los blogs en matemáticas. Y luego te convertimos a ti en matemáticas.» Un colega y yo acabábamos de lanzar nuestro propio blog. La idea de convertirlo en matemáticas parecía mucho trabajo. Y luego, ¿convertirme a mí en matemáticas? Supuse que sí era posible, pero no me imaginaba por qué el equipo de Umbria se molestaría en hacerlo, ni en qué ecuación me transformaría. De camino a Boulder, la verdad sea dicha, sigo dándole vueltas al asunto. Me he devorado capítulos enteros sobre los modelos ocultos de Markov y el análisis bayesiano. Hasta me he puesto a indagar un poco sobre las llamadas máquinas de vectores de apoyo. Aún no comprendo del todo cómo seríamos tú y yo matemáticamente. Eso es lo que vengo a investigar a Boulder.

Kaushansky posee facciones delicadas que contrastan con su complexión delgada y firme, así como un cabello cano pulcramente peinado y una inquieta mirada de mercadólogo. Es abogado de profesión y en los últimos quince años ha dirigido empresas analíticas y de recopilación de datos. Las crea y las vende. La última fue Athene Software, compañía de análisis predictivo que vendió en 2001. En Umbria, se ocupa del análisis de blogs.

Hay una rueda de bicicleta apoyada en una pared de su oficina. Le pregunto si anda en bicicleta, y me responde entusiasmado que sí, mucho. «Yo también», le digo. Agrega que los alrededores de Boulder son un «sueño» para los ciclistas. (Me ahorro mi comentario sobre las inesperadas joyas con que cuenta Nueva Jersey para andar en bicicleta. No viene al caso.) Cuando le pregunto dónde vive, apunta por la ventana hacia una montaña en forma de yunque, llamada Flatiron. Al otro lado está su casa. A menudo ve osos y coyotes; algunas mañanas, alces. «Si en la noche dejas afuera tus mascotas», dice, «se las comerán». Pasa semanas enteras lejos de la zona, viajando por todo el país, visitando compañías para tratar de hacerles ver la importancia de tomar en cuenta —a través de Umbria— lo que expresan sus clientes en los blogs.

Kaushansky fundó Umbria en 2004, que desde entonces ha desarrollado un sistema para leer automáticamente millones de artículos de blogs cada día. Me cuenta que el primer paso es conocer un poco sobre el autor de cada blog. ¿Es hombre o mujer? ¿Adolescente? ¿Veinteañero? ¿De la generación de la posguerra? La computadora busca pistas como la estructura gramatical, el tipo de vocabulario y las rarezas de la puntuación. ¿Cuántos hombres de edad madura, por ejemplo, terminarían una oración así: !!!!!!!!!!!!!!!!!? A veces la computadora lee un artículo, no ve señales reveladoras, se encoge de sus digitales hombros y se da por vencida. El artículo queda sin clasificarse. Pese a tales reveses, continúa Kaushansky, la computadora de Umbria es capaz de acumular grandes cantidades de artículos por género o sexo y generación. La compañía ordena a los autores en esas categorías.

El siguiente paso es deducir sobre qué escribe cada grupo de autores. En una o dos décadas, los lectores automáticos como el de Umbria probablemente ahondarán en el contenido de los *posts* y podrán analizar el ánimo, los ingresos y el nivel educativo de un autor, entre otras cosas. Tal vez la computadora sacará conclusiones en relación con el círculo de amigos del autor, o podrá predecir su conducta. Sin embargo, por ahora, en la diminuta fracción de segundo que dedica a cada artículo de los blogs, Umbria ofrece un menú mucho más simple. Quiere saber qué opinan los autores sobre servicios o productos: un nuevo teléfono celular, por ejemplo, o el centro de atención telefónica de un gran banco. La única conclusión a la que llega es si la opinión del bloguero es favorable o desfavorable. Aprobación o rechazo.

Parece rudimentario pero, para los mercadólogos, lo que hace valioso a los blogs no es su precisión, sino la disponibilidad inmediata de información sin filtrar. Las opiniones cambian día a día, a veces hora a hora. Supongamos que uno de los clientes de Umbria lanza un nuevo desodorante un martes e invierte cuatro millones de dólares para promocionarlo en televisión durante la semana siguiente. ¿Cómo pueden saber los mercadólogos si la publicidad llega al público objetivo? La mayoría no salimos corriendo a comprar desodorantes, por convincente que sea el anuncio, y si lo compramos, podríamos dejarlo guardado dos o tres meses. Por ello, las cifras de ventas no darán una retroalimentación rápida. Las páginas *web* tradicionales, como los que peinan Google y otros buscadores, son igual de estáticas que una biblioteca. Se les clasifica por su relevancia, no por cuán oportunas son. Podría suceder que la página *web* más «relevante» sea el propio boletín de prensa de la compañía, que en este caso no sirve para nada. Para saber qué pensamos, el fabricante del desodorante debe ir más allá de la información formal de Internet y llegar a lo que los blogueros y las redes sociales dicen sobre el producto.

Este ejemplo parecería descabellado. ¿Hay gente que bloguea sobre desodorantes? Pero ahora que cualquier persona puede volverse editor en línea en los cinco minutos que lleva preparar un blog gratuito, los detalles que la gente divulga podrían sorprenderte. Busco «desodorante» en Technorati y en un par de minutos encuentro un artículo de Jeff, «ex músico itinerante convertido en esposo/papá», de cuarenta y seis años de edad y residente de St. Cloud, Minnesota. Nos da un paseo por su baño, opinando sobre cualquier cosa: hilo dental («Tiene que ser de veras muy delgado, porque mis muelas están muy juntas») o enjuague bucal («Nunca he sido de los que usan enjuague bucal. Y ese asqueroso comercial en el que un tipo escupe enjuague caliente y viscoso… ni diez minutos te ayuda mucho que digamos»). Nos enteramos de que dejó de comprar agua de colonia luego de casarse, porque ya no necesitaba «usar anzuelo». Y sí, se mete con el desodorante: «Si alguno de ustedes tiene hijos adolescentes, espero por su bien que ellos no descubran Axe, o cualquier otro *spray* popular para el cuerpo. Mi esposa y yo tuvimos que intervenir para hacerles ver a nuestros hijos que no tienen por qué rociarse un envase entero cuando la mitad da resultados igual de buenos. Uf».

Al resumir las percepciones de los consumidores, Umbria puede proporcionar a su cliente un informe que muestre cuánto ruido hicieron sus anuncios el primer día o la primera semana de la campaña. En él determina si la respuesta fue favorable y cómo se compara con la competencia. En este ejemplo, los detalles demográficos son esenciales. Si este cliente es el que comercializa el desodorante de los hijos de Jeff, el «uf» lanzado al final quizá no sería negativo en absoluto. Jeff le facilita las cosas a la computadora de Umbria al indicar en el blog su edad y sexo. (Hasta nos enteramos de que es Leo.) Este tipo de investigación pone de cabeza al sondeo tradicional. Sin que ningún mercadólogo los induzca, los blogueros como Jeff ofrecen respuestas a millones de posibles preguntas. «En cierto sentido, nos parecemos mucho al programa de concursos *Jeopardy!*», dice Kaushansky. «La gente ya dijo que le gusta cierto automóvil o le disgusta una película. Ahora nuestro trabajo es formular las preguntas.»

Su equipo también ha empezado a dividir a los blogueros en grupos o tribus. Kaushansky considera que las tribus serán interminables. Tragones de Doritos, motociclistas pro Obama, entusiastas del MINI Cooper… Ya que la compañía ha clasificado a los blogueros, busca correlaciones entre tribus y productos. Gracias al análisis de blogs, por ejemplo, Kaushansky se enteró de que la tribu de Gatorade incluye no sólo a atletas y fanáticos de la salud, sino también a grandes bebedores universitarios. Muchos lo mezclan con el alcohol, pues creen que los electrolitos les aminorarán la resaca. Si hubiera sido una novedad para los ejecutivos de Gatorade (y en su honor debo decir que no lo fue), esta compañía habría podido considerar la posibilidad de ampliar sus alianzas publicitarias más allá de empresas afines como Nike y Cannondale, y asociarse quizá con Bacardi y el vodka Absolut.

A veces, el conocimiento tribal ayuda a los mercadólogos a hacer distinciones entre consumidores. Kaushansky relata que una compañía de telefonía celular comenzó a cobrar más por el uso de Bluetooth —radioseñales que remplazan a los cables—. Quienes utilizan el manos libres con conexión Bluetooth evitan tomar el teléfono cuando reciben o hacen una llamada. Los blogueros se enfurecieron cuando vieron el cargo extra en su recibo telefónico. Pero Umbria, dice Kaushansky, estudió los blogs y descubrió que casi todo el enojo procedía de una sola tribu: los «usuarios de potencia», aquellos que dedican mucho tiempo y dinero aferrados a sus teléfonos, enviando correos electrónicos y fotos, y jugando con la computadora. A las demás tribus —los aficionados a la ropa de alta costura, los amantes de la música, los tacaños— no les importó el cargo de Bluetooth; probablemente muchos de sus miembros ni siquiera sabían qué es. Con esa información, la compañía telefónica habría podido aumentar en unos cuantos dólares la tarifa de servicio a los usuarios de potencia y ofrecerles «gratis» la conexión Bluetooth. Entre tanto, habría podido seguir cobrando a todos los demás.

Es una nueva etapa en el manejo de información de mercado. Aunque aún es incipiente, resulta fácil ver a dónde se dirige. Los Numerati están enseñando a las computadoras a procesar automáticamente nuestros escritos; están infiriendo quiénes somos y qué pensamos. A medida que los sistemas adquieran más velocidad y capacidad, se darán un festín con una mayor cantidad de nuestras comunicaciones, aun más allá de los blogs. Los lectores automáticos como el de Umbria pueden adentrarse en redes sociales como las de MySpace y FaceBook, puntos de encuentro de generaciones enteras. Pueden explorar los comentarios sobre videojuegos interactivos y desmenuzar nuestros mensajes de correo electrónico, distinguiendo pasatiempos y emociones, para que luego sus hallazgos sean vendidos a los anunciantes. Ante tecnologías como la de Umbria, una infinidad de compañías que tengan acceso a nuestros mensajes podrán rastrear, minuto a minuto, las movedizas pautas del pensamiento humano. Umbria y sus competidores, de Nielsen BuzzMetrics a Google, apuestan a que los mercadólogos, funcionarios gubernamentales y políticos paguen generosamente por las ideas que descubran. El análisis de nuestras palabras tal vez sea más intenso tras bambalinas. Después de los ataques terroristas de 2001, agentes de inteligencia de Estados Unidos tuvieron acceso a inmensos flujos de información intercambiada por teléfono e Internet. La Agencia de Seguridad Nacional, que cuenta con el mayor equipo de matemáticos de Estados Unidos, analiza los flujos hora por hora.

Hasta hace poco, nuestros mensajes, ya fuese hablados, tecleados, cantados o garabateados, estaban fuera del alcance de los matemáticos. No era sólo que el lenguaje, con sus infinitos matices y recovecos, se resistiera a las rígidas clasificaciones de los geómetras y científicos de la computación. (Esto sigue siendo un dilema, como veremos.) El problema era más de fondo. Nuestros mensajes resultaban demasiado efímeros para ser analizados. Las frases que decíamos viajaban velozmente por el aire o alambres de cobre hasta sus destinatarios, que con igual rapidez las olvidaban. Se marchitaban más pronto que flores cortadas. Nuestros escritos se enmohecían en el papel, y sólo una selección de éstos se conservaba en sobres y cuadernos. La mayoría no eran del dominio público, y mucho menos estaban en los discos duros de potentes computadoras.

Las cosas han cambiado. Para empezar, nuestras búsquedas en Internet revelan detalles de lo que interesa a la humanidad: lo que perseguimos, lo que nos gustaría comprar. Pero esas búsquedas, en su mayoría de tres o cuatro palabras de extensión, son muy elementales. Apuntan hacia cierta dirección y apenas muestran retazos de las personas que las hacen. Piensa en lo que buscaste en la Red la semana pasada; tus búsquedas podrían indicar que querías una televisión de alta definición o realizaste una investigación para un proyecto geológico sobre el pleistoceno. Fácilmente podrían pasar por alto importantes sucesos de la vida de una persona: la muerte de uno de sus padres, su lucha contra una adicción. Umbria y otras compañías trabajan para extraer nuevas ideas mercadotécnicas de esos movimientos en línea. Imagina que quisieran crear una cubeta de miles de blogueras que desean dejar de fumar. No sería difícil. Ahora bien, ¿ellas parecen más interesadas en chocolates o vino blanco que el usuario medio? En estos primeros tiempos, Umbria se concentra en cosas más sencillas. No obstante, en los blogs circula una amplia muestra de la vida humana, lista para recolectarse. Es como si la propia humanidad se agolpara en las oficinas de Umbria, resguardada de los vientos invernales, tecleando a placer. Una vez que las palabras aparecen, están disponibles para la eternidad, para ser asociadas, comparadas, trituradas, analizadas sintácticamente y reempaquetadas como información de mercadotecnia.

Como quizá tú no seas autor de un blog ni te asomes a las redes sociales en Internet, podrías pensar que compañías como Umbria indagan sobre otros, no sobre ti. Pero te equivocas. Umbria y otras compañías analíticas están sentando las bases con los blogs. Una vez que esta nueva generación de máquinas de lectura y aprendizaje automáticos domine el mundo de los blogs, abarcará todos nuestros otros escritos, lo cual, de hecho, ya ocurre. Compañías anticorreo basura como Postini —división de Google desde mediados de 2007— ciernen millones de mensajes de correo electrónico que se enviaron desde las firmas de Fortune 500. Buscan señales de que los empleados estén filtrando secretos corporativos o negociando con información confidencial. Otras empresas revisan exhaustivamente los discos duros de sus computadoras, analizando los mensajes de los empleados para cerciorarse de que no las usen para fines personales.

Compañías y gobiernos por igual estudian minuciosamente nuestros escritos, con el propósito principal de prevenir delitos. Pero cuando las herramientas mejoren, el mercado cambiará. En vez de indagar únicamente qué hacemos mal, las empresas, el gobierno y los encuestadores ansiarán saber qué compramos, a dónde vamos, por quién votaremos. Son curiosos. Mientras siguen almacenando datos de la blogósfera, Umbria y otras empresas pulen las herramientas para interpretarlos.

Al leer el blog de Lágrimas de Lujuria, fácilmente imagino muchas cosas sobre la autora. Es joven; vive en una ciudad de la costa este de Estados Unidos, yo diría que en Nueva York, aunque no estoy del todo seguro. Sin embargo, podría sacar muchas más conclusiones sobre sus emociones, intereses amorosos y gustos culinarios.

Eso está claro para mí. Pero ella escribe en mi idioma y le encuentro sentido a casi todas sus palabras. Lo malo, desde la perspectiva de la recopilación de datos, es que tardo la escandalosa cantidad de cinco minutos en leer su texto. En ese lapso, las computadoras de Umbria procesan treinta y cinco mil trescientos *posts* de blogs. Esta magia tiene lugar en dos dominios de la inteligencia artificial: el procesamiento del lenguaje natural y el aprendizaje máquina. La idea es muy simple. Las máquinas procesan las palabras, empleando su genio estadístico y formidable memoria para darles sentido. Decir que las «entienden» es una exageración. Sería como decir que un murciélago, que es ciego y vuela sirviéndose de las ondas sonoras, «ve» la ventana abierta por la que se cuela. Pero no importa. Si las computadoras sacan conclusiones correctas de las palabras que procesan, pasan la prueba del lenguaje. Y si pueden refinar esas conclusiones, añadiendo contexto y tomando en cuenta salvedades, entonces se vuelven «inteligentes».

Durante décadas, los científicos se han preguntado cómo enseñar lenguaje y pensamiento a las computadoras. Algunos han propuesto un método lógico. Siguen una tradición iniciada por Aristóteles, quien dividía el mundo del conocimiento en vastos dominios, cada uno con sus propias realidades, reglas y relaciones. Cycorp, de Austin, Texas, es uno de los que más ambiciona esos proyectos; intenta producir una inteligencia artificial que no sólo conozca mucha información del mundo, sino que además le dé sentido. Cuando a la computadora de Cycorp se le pregunta por líderes del hemisferio norte elegidos democráticamente, el brazo geográfico del sistema empieza a chirriar, país por país: Gran Bretaña está en Europa. Europa está en el hemisferio norte. El hemisferio norte está al norte del ecuador. Sabe cada una de estas verdades, y pasa de una a otra. Luego, según la página en Internet de Cycorp, usa la lógica: si la región A forma parte de la región B, y la región B está al norte de la región C, entonces la región A está al norte de la región C. En consecuencia, concluye, Gran Bretaña está al norte del ecuador. En este momento, el brazo geográfico le pregunta al brazo político si Gran Bretaña es una democracia. Y el análisis prosigue. Los problemas de este método lógico son la velocidad y la flexibilidad. Las realidades cambian, lo cual reta a este sistema a reajustar sus piezas de información y las relaciones entre ellas. En 1984, cuando Cycorp empezó a armar su universo de conocimientos, la Unión Soviética dominaba el continente asiático, y el «ratón» apenas pasaba del mundo de los roedores al floreciente ámbito de los accesorios para computadora.

Un método diferente rechaza esa pesada lógica y prefiere ver a la computadora sólo como un prodigioso asistente para contar. La estadística es la reina. La probabilidad define la verdad. La rapidez y el conteo se imponen sobre el conocimiento, y el lenguaje existe en gran medida como una matriz de relaciones numéricas. Ésta es la táctica de Umbria, y es este método estadístico al que la mayoría de los Numerati se ciñen cuando nos estudian en casi cualquier campo. Lo que las computadoras de Boulder aprenden es una compleja amalgama de estadística y geometría. Pueden dar con ideas asombrosas, pero sólo a través de un laberinto de cálculos. Estas máquinas aprendices nadan en números.

El proceso de aprendizaje comienza con seres humanos, un equipo de seis lectores que están en las oficinas generales de Umbria y de veinticinco en Bangalore, India. Ellos son los marcadores. Revisan manualmente miles de blogs, buscando pistas sobre la edad y el sexo de cada bloguero. A veces no encuentran nada, pero cuando sí, marcan los blogs y los meten en una carpeta digital. Su trabajo es integrar un «estándar de oro», una selección de blogs íntegramente rotulados que sirvan para enseñar a la máquina. En este proceso, dice Kaushansky, los investigadores de Umbria llegan a colocar cien mil artículos de blogs en la carpeta dorada. Toman noventa mil y los vierten en la computadora. Reservan los otros diez mil.

¿Cómo llegan los marcadores a sus conclusiones sobre los blogs? En muchos casos, dependen de conocimientos y contextos difíciles de enseñar a una máquina. Poniéndome en el papel de marcador, vuelvo a leer el artículo de Lágrimas de Lujuria. Desde el primer párrafo, no me cabe duda de que es una mujer la que escribe. ¿Cómo lo sé? Por el tono que percibo, por su voz. Son elementos difíciles de enumerar, y más aún de enseñar a una máquina. ¿Hay detalles reveladores? Algunos, aunque no concluyentes. Un hombre podría tener un novio llamado Kenny. Un hombre podría lucirse con Lizzy y buscar tiendas de ahorro. Supongo que incluso un hombre podría escribir: «Paseé por Columbus y conocí la ciudad. ¡Vengan!» Posteriormente leo en el artículo: «Así que hermano, hermana y novia vamos a cirugía donde encontramos muchos doctores». No está claro quién es quién, así que reviso el pasaje hasta estar casi seguro de que Kenny es el hermano; Lizzy, la hermana, y Lágrimas de Lujuria, la novia. Si yo fuera marcador, en este momento le pondría confiadamente una M de mujer a este artículo.

Una computadora tendría que buscar otras señales, me dice Ted Kremer. No reconocería a la autora como la novia, y quizá no sabría que una novia es una mujer. Kremer es el director técnico de Umbria. Trabaja en una oficina enorme y soleada recubierta con pizarrones blancos. Es rubio, de cara cuadrada; tiene barba de chivo y es muy paciente, al menos para enseñar la extracción básica de datos. Una vez que los marcadores han creado sus carpetas doradas, me explica mientras garabatea en un pizarrón, los científicos peinan los documentos en busca de cientos de variables que la computadora entienda. Buscan palabras reveladoras y combinaciones de verbos y objetos. («¡Vengan!» podría ser una.) Examinan la puntuación, ciertos grupos de palabras, la colocación de adjetivos y adverbios. Hacen ajustes para tomar en cuenta ciertos grupos de palabras que, consideradas por separado, podrían interpretarse erróneamente. Riéndose, Kremer agrega que la computadora tiene que saber, por ejemplo, que los Broncos de Denver son un equipo de futbol americano y no «los caballos de una ciudad». Su equipo también examina la ortografía extraña. Algunos blogueros escriben «saludos» como «salu2». Otros adornan sus artículos con dibujos llamados emoticones, como la carita sonriente :). Los científicos instruyen a la computadora para que esté atenta a los tipos de letra, su color y el fondo de los blogs. (Veo que Lágrimas de Lujuria usa un fondo azul lleno de imágenes de caras, como si fuera un cartel de película de Bollywood.) En suma, la computadora podría buscar y registrar más de mil características.

¿Es capaz de distinguir los sexos o géneros? La prueba está lista. La máquina recorre los noventa mil blogs a toda velocidad, cuenta cada una de las variables y las ordena por género. El equipo de Kremer estudia los resultados. ¿Ciertas peculiaridades son mucho más comunes en los artículos de un género que en los del otro? Es lo que el equipo de Kremer ansía descubrir. Correlaciones. Si las encuentra, las integra a un modelo. Éste es el conjunto de instrucciones que indica a la computadora cómo distinguir a un bloguero de una bloguera, y comienza por lo fácil. Algunos blogueros, por ejemplo, se identifican como H o M en la parte superior del blog, el encabezado. Este dato es muy confiable. Ciertas frases son inequívocas, como «mi vestido» o «mi barba». Pero la mayor parte del modelo es una sopa estadística de señales más sutiles, de diversas combinaciones de verbos, puntuación y tipos de letra. Cada una se asocia con una probabilidad. El arte de esta ciencia radica en saber cuánto peso hay que dar a cada componente.

Cuando los científicos tienen listo su modelo, lo prueban en el 10 por ciento de los documentos del estándar de oro que separaron. Rápidamente ven cuántos documentos clasifica de manera correcta el modelo y, sobre todo, en cuáles no lo logra. Estudian con detalle estos últimos, tratando de identificar la falla del análisis. ¿Por qué erró la computadora en el artículo de un hombre? ¿Concedió demasiado peso a la feminidad de los signos de admiración? ¿Pasó por alto la frase «Me gustan los hombres»? Suena absurdo, pero quizá esta frase no aparecía en la primera ronda de prueba y por ello no estaba en el modelo.

Como un chef cuyo suflé resulta demasiado salado o insípido, los científicos ajustan las variables. Afinan el modelo. Quitan peso a algunos componentes y lo añaden a otros. En el muestreo más reciente tal vez aparecieron nuevas pistas que puedan factorizarse. El proceso continúa, a veces a lo largo de diez o más repeticiones. En este sentido, la computadora aprende con desquiciante lentitud. Es preciso todo un laboratorio de científicos, quienes a menudo trabajan en fines de semana y ordenan pizzas a altas horas de la noche, para enseñar a la máquina lo que los humanos aprendemos de un vistazo. Cuando por fin pasa su prueba del género (Umbria no revelará el índice de precisión), a la computadora aún le falta un largo camino para graduarse. Avanza a la siguiente etapa: aprender a vincular a cada autor con una generación. Aquí, algunos de los marcadores son asombrosamente simples. Por ejemplo, los autores de más edad emplean mayor variedad de palabras que los jóvenes. No podría decirse que contar palabras sea infalible, pero es un buen punto de partida para que el sistema de Umbria forme grupos generacionales. Una vez que la computadora ha determinado el sexo y la edad, se enfrenta a una tarea más difícil: deducir si los blogueros aprueban o rechazan el alimento, el refresco, la canción o el candidato político sobre los que comentan.

¡Vaya complicada manera de conocernos! En vez de llamar a nuestra puerta, los recopiladores de datos dividen nuestros documentos en miles de componentes y luego los ciernen obsesivamente, intentando armar un mosaico de nuestros pensamientos y preferencias. Eso me parece furtivo. Me recuerda a los padres que, en lugar de preguntarle sin rodeos a su hijo a dónde se va todas las noches, entran sobre la punta de los pies a la cochera, toman nota del kilometraje del auto y hacen sus propias proyecciones sobre un mapa. Este método es menos preciso y mucho más trabajoso. Pero la recopilación de datos se vale del genio de la computadora para contar y calcular, y principalmente de su velocidad.

Debe dar grandes rodeos para no sucumbir ante sus puntos débiles: su limitada capacidad para pensar y comprender.

Cuestiono a Kremer sobre esto. Le digo que tengo la impresión de que una computadora que trabaja a partir de una serie de instrucciones, por exhaustivas que sean, debe de cometer muchos errores. Después de todo, nosotros, los humanos —que poseemos un cerebro prodigioso y programado para la comunicación—, todos los días interpretamos incorrectamente las palabras y gestos de los demás. «¿Qué?», decimos. «¿Ah? ¿Bromeas? Oh, perdón, creí que… No, lo que quiero decir es que…» Si te das cuenta, siempre estamos enmendando lo que decimos. Darnos a entender con otra persona y comprender lo que ella trata de decirnos es una batalla a la que dedicamos gran parte de nuestra inteligencia. Disciplinas enteras, desde la psicología hasta el derecho y la literatura, se consagran a descifrarnos. Nunca les falta trabajo. Por tanto, le comento a Kremer que las computadoras, las pobres y tontas computadoras capaces de contar un millón de árboles sin advertir que están frente a un bosque, a veces han de confundirse terriblemente, ¿no?

A veces, responde. Me lleva a su computadora, y vemos un artículo de blog analizado por el sistema de Umbria. Es un texto sobre el iPod Shuffle de Apple. Las frases en rojo se consideran negativas; las verdes son positivas, y las azules, una incógnita. Le echo un vistazo a una oración en rojo. Dice: «Jobs llevó no sólo al exaltado Shuffle a la cabeza del menú…»

La repaso y no veo nada negativo. ¿«Exaltado» podría ser un sarcasmo? No lo parece. Llamo la atención de Kremer sobre esta sección. La lee y se encoge de hombros. «Positivo falso», dice. «A veces pasa.» Señala el «no» en la oración; quizá esta palabra indujo a la computadora a juzgar como negativa toda la oración.

Con mucha frecuencia, dice Kremer, el sarcasmo deja perpleja a la máquina. Tal vez lo indicado sea entender al pie de la letra a una bloguera de San Diego cuando exclama: «¡ME ENCANTA ESTE CLIMA!» Pero, ¿cómo puede saber el sistema que cuando un bloguero que se encuentra a mil seiscientos kilómetros al norte, en la húmeda Portland, escribe esa misma oración, «encanta» bien podría significar «repugna»? Éstos son los retos del aprendizaje máquina, y nutren la investigación de importantes cursos de posgrado en el mundo entero. Captar el sarcasmo podría implicar enseñar a la máquina a percibir mensajes en mayúsculas, signos de admiración y la tendencia de los adolescentes a incurrir en esto más que sus abuelos. Quizá en el futuro distante se produzcan máquinas contextualmente hábiles que incluyan una larga lista de zonas meteorológicas conflictivas. Tal vez «entenderán» así que, en esas latitudes, las alabanzas al clima, al menos en ciertas estaciones, son irónicas. Pero para una compañía que en la actualidad vende servicios, tales ejercicios se quedan en el ámbito académico.

«Tengo cosas más importantes que hacer», dice Nicolas Nicolov, jefe del departamento científico de Umbria. Este especialista de la computación nació en Rumania e hizo un doctorado en Edimburgo antes de mudarse a Estados Unidos, primero al laboratorio Watson de IBM y luego a Umbria. Es de cara angulosa, y ojos oscuros y hundidos; luce un abultado copete negro, un poco como Jim Carrey en sus primeras películas. Trabaja en una oficina pequeña y oscura al fondo del pasillo desde el soleado y amplio despacho de Kremer. Siento como si entrara a una cueva.

Nicolov me da un ejemplo del tipo de confusiones que tiene que resolver. Umbria trabaja mucho con compañías electrónicas de consumo, dice. Quieren saber qué tipo de ruido generan sus aparatos más recientes. Pero en esta área, aun palabras como «grande» y «pequeño» varían según el contexto. «Que una *laptop* sea grande, es negativo», dice. «Pero que un disco duro lo sea, es positivo.»

Nicolov y su equipo pueden dar estas lecciones a la computadora. Es muy útil instruirla en una industria específica, o lo que los científicos de la computación llaman un «dominio». En esa área, ella aprende no sólo palabras por separado, sino también conjuntos. Bigramas son dos palabras, trigramas son tres. Un número mayor es enegrama. Así, una sofisticada máquina instruida en *laptops* podría trazar una línea verde bajo un trigrama como «disco duro grande». Esto es positivo. Pero podría no estar tan segura ante el enegrama «disco duro grande y ruidoso». Aquí podría fallar.

¿Estos errores sesgan los resultados de Umbria? Kaushansky sostiene que escogió justo el mercado correcto para resultados inexactos. «Ofrecemos investigación cualitativa, no cuantitativa», dice. «Direccional. Da indicios que anticipan hacia dónde van las cosas, qué cosas nuevas surgen para una compañía.» A fin de fundamentar su argumento, me muestra el rastreo que hizo Umbria del presidente Bush durante su campaña de reelección de 2004. Las referencias favorables y desfavorables al presidente en los blogs aparecen en una gráfica junto a los resultados de una serie de encuestas de Gallup. Las cifras de los blogs que obtuvo Umbria parecen adelantarse entre dos y cuatro semanas a las altas y bajas en las encuestas. Lo que Kaushansky quiere decir es que, aunque su computadora interprete equivocadamente las palabras de nuestros blogs particulares, capta nuestras tendencias. Puede rastrear nuestras tribus.

Pero, ¿quién exactamente habita en esas tribus? Es una pregunta candente entre los analistas de blogs. Esas tribus, después de todo, no se definen por vecindario, raza, categoría fiscal o respuestas marcadas en una encuesta. En vez de ello, las máquinas analizan nuestras palabras y nos meten en tribus junto con personas cuya presencia nos sorprendería. Estas tribus son un poco como las cubetas a las que vamos a dar en el supermercado, aunque con un extra de complejidad. En la tienda de comestibles, las pautas de consumo son lo único que cuenta. En cambio, las tribus de Kaushansky, como los grupos políticos de Joshua Gotbaum, tienen que encarnar un conjunto entero de valores afines.

Kaushansky me da un ejemplo. Hace cuatro años, un amigo suyo, de cuarenta y tres, redescubrió la afición que tenía de adolescente por la patineta. Me dice que es un verdadero fanático, y adora no sólo la patineta, sino también la cultura que la rodea. Habla como adolescente, opina Kaushansky. La música que oye es de una generación diferente a la suya. Y he aquí la parte importante: Kaushansky insiste en que, en su blog, su amigo escribe como un adolescente obsesionado por las patinetas. Quizá en una o dos décadas, sistemas como el de Umbria podrán distinguir entre adolescentes de verdad e impostores de edad madura. Pero por ahora no. En sus estadísticas, es probable que este sujeto de cuarenta y tres años aparezca como adolescente. Anhela pertenecer a esa tribu, añade Kaushansky. Y para los propósitos de Umbria, ¿eso qué importa?

Unas semanas después visito las oficinas de Technorati en San Francisco y le cuento la historia de la patineta a David Sifry, su fundador. Sifry, un neoyorquino trasplantado sin un gramo de la serenidad de la costa oeste, estalla: «¡FALSO! ¡FALSO!» Un hombre puede escribir como mujer, observa, pero, ¿compra como mujer? Se explaya en los peligros de predecir la conducta de la gente con base en correlaciones estadísticas. «Supongamos que, de acuerdo con mi análisis, tú dijiste que *Misión imposible III* no era buena y que te mueres por ver *Prairie Home Companion*», dice. «Yo no puedo suponer a partir de eso que tú oyes la Radio Pública Nacional [NPR, por sus siglas en inglés]. Ahí es donde uno se mete en problemas.» Agrega que ésa es una correlación de causalidad equivocada, común entre recopiladores de datos y entre la mayoría de los demás seres humanos. ¿Cuántas veces has oído a personas decir: «Siempre hacen eso…»?

Para Kaushansky, poner a su amigo de la patineta y otros más en las tribus equivocadas quizá no resulte tan grave. Por eso la publicidad y la mercadotecnia son terrenos de prueba maravillosos para los Numerati. Si éstos resbalan, el único daño es que veremos el anuncio equivocado o recibiremos cupones irrelevantes. Pero cuando los Numerati lleguen a otros ámbitos, como la medicina y el orden público, no podrán darse el lujo de arrojarnos a cientos de nosotros, así nada más, a las mismas cubetas. En vez de concentrarse en lo que tenemos en común, deberán descubrir los datos que nos separan. Es un trabajo mucho más difícil.

A principios de 2005, el blogueo ya se había puesto de moda. Los blogueros políticos de Estados Unidos habían demostrado su peso en la campaña presidencial de 2004, y para ese entonces cada día surgían unos cuarenta mil blogueros más. Nicolas Nicolov y el equipo técnico de Umbria no habrían podido elegir mejor momento para ejecutar su análisis devorador de blogs. Más o menos en la misma época, Jeff Weiner, vicepresidente de Yahoo, impactado por el fenómeno de los blogs, me maravilló al señalar: «Nunca en la historia de la investigación de mercado había habido una herramienta como ésta».

Pero en la primavera de aquel año surgió un gran problema. Mientras la nieve desaparecía de la montaña Flatiron, Nicolov y otras personas descubrieron en sus resultados un nuevo y peligroso espécimen: los blogs basura, o splogs (contracción de *spam blogs)*, como ellos los llamaron.

El propósito de los splogs era usar el enorme poder de Google para aprovechar el floreciente campo de la publicidad en los blogs. Google ofreció un servicio llamado Adsense. Si te suscribías a él, Google ponía automáticamente anuncios relevantes en tu blog o página *web*. Si escribías sobre bodas, el sistema lo detectaba e insertaba anuncios de flores, vestidos y esmóquines, por decir algo. Si un lector hacía clic en uno de los anuncios, el anunciante pagaba unos centavos a Google y éste los compartía con el bloguero. Para los blogueros, parecía una manera excelente de obtener ingresos publicitarios sin contar con un solo ejecutivo de ventas. Bastaría con hacer clic en el anuncio, bloguear vigorosamente y esperar el cheque de Google. Sin embargo, en esa primavera sondeé a algunos blogueros; les pregunté cómo les iba, y la mayoría se quejó. Por lo general los cheques no eran suficientes para sentirse estimulados, mucho menos para subsistir.

Resultó que unos robots se llevaban la mayor parte del dinero. Estos programas generaban cientos de miles de blogs, muchos de ellos mediante el respectivo servicio gratuito de Google, y los adecuaban para atraer anuncios de esta firma. Dichos splogs circulaban junto con los blogs humanos e impedían a millones de ellos cosechar valiosos clics. He aquí cómo. Imagina que una novia próxima a desposarse busca un blog sobre bodas. Teclea «bodas» en el cuadro de búsqueda del blog y el artículo más reciente que contiene esa palabra aparece al principio de los resultados.

Hace clic en él. Pero quizá se decepciona al ver una revoltura de frases que contienen la palabra «boda». El blog es pura basura. Lo creó un programa automático no para ser leído, sino para inducir a los robots de Google a insertar anuncios en la página. Tal vez la novia se retire del splog para buscar un blog legítimo. Y quizá haga clic en uno de los anuncios. ¡Excelente! El esploguero obtiene cincuenta centavos, un dólar, tal vez dos dólares. La novia seguramente no se da cuenta, al hacer clic en ese anuncio, de que ella es el único ser humano en medio de un drama protagonizado por robots.

Inevitablemente, esto ocurre con cada vez con mayor frecuencia. Como nuestra información viaja sola, desprendida de nuestro cuerpo, las máquinas pueden falsificar y plagiar la comunicación humana en gran escala. Esto plantea un reto permanente al mundo de los Numerati: cuanto mejor nos comprenden, mejor pueden hacerse pasar por nosotros los sistemas automáticos.

El fenomenal auge de los splogs en 2005 amenazó la actividad entera de Umbria. De repente, su investigación de mercado reflejaba las opiniones, preocupaciones y hábitos de consumo de… androides. ¿Quién daría algo por eso? «Si no te cuidas de los blogs basura», dice Nicolov, «echarán a perder tu análisis». Inicialmente, el equipo de Umbria intentó eliminar los splogs de modo manual. Pero cuando la plaga aumentó, vio que debía dedicar gran parte de su esfuerzo de investigación a combatir los blogs basura.

A lo largo de meses frenéticos en 2005, los científicos de Umbria se esmeraron en enseñar a sus máquinas a distinguir entre el trabajo de otras máquinas y el de seres humanos. Para ello, recurrieron a la geometría. Esto podría sorprender a quienes asociamos la geometría con los compases y los transportadores de plástico que llevábamos a la escuela. Pero la geometría avanzada es una fuerza creciente en el universo en expansión de los Numerati. En instituciones que van desde los enormes laboratorios de Google hasta centros pequeños como Umbria, los científicos suelen describir el mundo de los datos como un dominio de ángulos agudos, planos colisionantes y vectores disparados en trayectorias interminables.

«Imagina un vasto espacio multidimensional», me comenta Nicolov. «Recuerda que cada documento que Umbria estudia tiene docenas de marcadores: la peculiar ortografía, tipos de letra, selección de palabras, temas, colores y gramática que lo distinguen de otros.» En ese vasto espacio que se supone que debo imaginar, cada marcador ocupa su propio terreno. Este universo abarca las singularidades, el índice e incluso la puntuación de la blogósfera. Imagina al tema «iPod» cerca de Plutón y al emoticón :(en las proximidades de la estrella polar. Miles de esos marcadores están dispersos por todas partes. Y cada documento —blog o splog— tiene una tarea: producir una línea —o vector— que se interseque con todos y cada uno de sus propios marcadores en todo el universo. Es algo parecido a esos ejercicios de primaria en los que un niño sigue con el lápiz una serie de números o letras y termina con una imagen de un perrito o un árbol de Navidad.

Pero los vectores de Umbria no son para nada sencillos. Nicolov intenta dibujar un diagrama en el pizarrón blanco, pero pronto se rinde. Es imposible, porque en un mundo de dos dimensiones, o incluso tres, cada vector tendría que retorcerse mucho y dar incomprensibles vueltas en U para encontrarse con cada uno de sus marcadores. El diagrama resultante podría parecerse más a un plato de espagueti que a las flechas rectas exigidas por la llamada máquina de vectores de apoyo. No obstante, aunque nosotros no podamos representar esto con nuestras mentes prosaicas, la computadora no tiene ningún problema para describir los documentos —artículos de blogs y splogs por igual— como vectores. Todos ellos corren nítidamente de una dimensión a muchas otras y, sobre todo, por cada uno de sus marcadores distintivos. Infinidad de flechas intergalácticas, las cuales, con todo, guardan cierto orden. Como es de suponer, los documentos semejantes entre sí son vecinos en este espacio vectorial. Los que tratan sobre Irak se congregan en torno a una constelación; los de desodorantes, en torno a otra. Un blog sobre desodorantes en Irak (créeme, sí los hay) abarca ambas constelaciones. Los blogs con muchas cosas en común tienden a apuntar a ángulos similares.

En un mundo ideal, todos los vectores de los splogs habitarían en un mismo inframundo. Nicolov y su equipo podrían aislarlos. Al principio, sin embargo, suelen mezclarse con blogs legítimos, ya que sus autores se esfuerzan por hacer que encajen. Esto quiere decir que el equipo de Umbria debe ahondar en busca de más variables, más cualidades en un blog que sean propias de los *posts* humanos. Este proceso es similar a la detección de fraudes que los humanos hemos emprendido a lo largo de la historia. Recuerdo haber leído acerca de espías alemanes de la Segunda Guerra Mundial que hablaban un perfecto inglés estadounidense. Estaban al tanto de las charlas informales de Franklin Roosevelt y de las famosas piernas de Betty Grable. Podían hablar de su vida preparatoriana a las afueras de St. Louis, y recordar haber bailado al compás del gran trombón de Glenn Miller en su fiesta de graduación. Los desconfiados investigadores estadounidenses debían buscar marcadores precisos que delataran a los espías. Los ponían a prueba con juegos de palabras y chistes muy de la cultura estadounidense. De igual manera, el equipo de Nicolov busca variables que delaten a los splogs y desvíen sus horribles vectores a la zona que les corresponde.

¿Qué sigue? Hay que acordonar y clausurar el territorio de los splogs. Imagina que se pone un gran escudo entre los vectores buenos y los malos. En términos geométricos, ese escudo es un plano. Los enemigos de los blogs basura lo manejan con un ratón, arriba y abajo, aquí y allá. El plano define la frontera entre esos dos mundos; y conforme los científicos lo colocan, la máquina procesa miles de reglas y estadísticas que dividen a los blogs legítimos de los splogs.

Es una fría madrugada. Me encuentro en el único café abierto que hallé en Boulder, y blogueo. Escribo un artículo contra los molestos anuncios que pasan en el vuelo de U.S. Airways de Newark a Denver. Antes de que termine mi café, el artículo sale disparado hacia un servidor en Nueva York, y de ahí al blog. Como otros millones de artículos que se escriben cada hora, emite pings: actualizaciones a las computadoras que supervisan el mundo de los blogs. Gracias a esos pings, los buscadores y analistas de blogs como Umbria no tienen que salir a cazar y recolectar en el mundo de los blogs. Esto sería muy tardado en un medio que cambia segundo a segundo. Los buscadores y analistas simplemente abren sus puertas digitales, y los artículos entran. Es como si tuvieran suscripciones. En minutos, el sistema antisplog de Umbria ha recibido mi humilde artículo y lo ha trazado como un vector, espero que del lado en que está a salvo de los splogs. Más tarde se le clasifica por género, generación y opinión.

De acuerdo, Umbria puede convertir mi artículo en un vector. Pero, ¿Nicolov y sus colegas pueden convertirme a mí en un vector? Después de todo, si cada artículo de blogs puede definirse geométricamente, lo mismo se podría hacer con cada bloguero. Todo es cuestión de descomponer nuestros blogs en piezas, o variables. El sistema podría analizar los temas y los blogs sobre los que escribimos, de dónde venimos, el lenguaje con que redactamos. Le pregunto a Nicolov si es posible. «Claro», dice. Pero por ahora es mucho más simple omitir a los individuos y concentrarse en sus opiniones. Cada artículo, en ese sentido, participa en encuestas. Si U.S. Airways contrata a Umbria, verá que al menos un bloguero, aparentemente hombre de edad madura, tiene opiniones negativas sobre la publicidad que pasa en sus aviones. Este análisis es como una elección o un censo: todas las voces son iguales.

Sin embargo, para cuando las computadoras tiendan una red cada vez más amplia sobre nuestros mensajes y actitudes en línea, cada vez más Numerati habrán instruido sobre el individuo a sus máquinas de vectores. BuzzMetrics modela ya a dos mil de los blogueros más populares. A cada uno de ellos se le representa como una amalgama de su lenguaje, los temas que cubre y los demás blogs a los que remite. Cada uno de estos blogueros es un eje de actividad. Los analistas pueden medir su influencia y diagramar las constelaciones de blogueros menores que orbitan a su alrededor. Con tal información en su poder, los anunciantes podrían comprar espacio en blogs específicos y medir, hora tras hora, el ruido que produce cada uno de ellos.

¿Las tecnologías automáticas que analizan los escritos de los blogueros podrían hacer lo mismo con un cerebro en Islamabad o Londres que despliega batallones de terroristas suicidas? ¿El vector de esa persona podría aislarse como un splog? ¿Y qué hay de aquellos de nosotros —tú, yo, Lágrimas de Lujuria— cuyos vectores atraviesen casualmente la misma zona? Si Umbria puede equivocarse cientos de veces al día, los organismos que rastrean terroristas no podrán darse ese lujo.

5

EL TERRORISTA

Un autobús escolar se detiene junto a mi auto. En medio de un gran alboroto, los niños bajan y corren hacia el Museo Nacional de Criptología, en Fort Meade, Maryland. Yo me dirijo al mismo lugar. Llego un poco antes de tiempo. Justo al otro lado de una amplia avenida, más allá de una imponente cerca de alta tecnología y un gran estacionamiento, se hallan las oficinas nacionales del espionaje electrónico, la Agencia de Seguridad Nacional (NSA, por sus siglas en inglés). Reconozco los cubos negros de paredes de cristal de la NSA porque hace un par de años un amigo me regaló un imán para refrigerador en el que se ve un rayo que cruza el cielo púrpura del anochecer sobre el más alto de los dos edificios. Dependiendo de la perspectiva, parecería que el rayo sacude aquellas instalaciones secretas o les imprime fuerza desde las alturas. Vine para entrevistarme con el director matemático de la NSA, James Schatz. Al parecer, es más fácil que él atraviese la calle y llegue hasta este pequeño museo, a que me autoricen a mí entrar a la fortaleza.

La NSA fue el centro de la guerra de información contra el terrorismo mucho antes del 11 de septiembre. Pero el perfil de este organismo de espionaje se elevó después de los ataques. Fue más que evidente que Estados Unidos carecía de servicios de inteligencia en su guerra contra Al Qaeda. La mayoría de los espías y fuerzas especiales situados en Medio Oriente tenían problemas hasta para hacer una llamada por teléfono en árabe. Pocos podían infiltrarse en esa red terrorista, y menos aún localizar y capturar a Osama bin Laden. Para muchos, la solución a tal deficiencia consistía en peinar los datos digitales. «Serán sus hijos contra nuestro silicio», escribieron Peter Huber y Fred Mills, de ICX Technology, compañía de vigilancia de alta tecnología, en el invierno de 2002.

¿Qué tipo de datos alimentarían la caza de terroristas? Prácticamente cualquiera que el gobierno pudiera conseguir. En los años posteriores al 11 de septiembre, el gobierno estadounidense gastó más de mil millones de dólares en la fusión de sus enormes bases de datos, entre ellas las del FBI y la CIA. Esto porporcionaría a los recopiladores de datos un solo recurso unificado. Pero no fue todo. También analizarían océanos de datos de consumo y demográficos, registros de líneas aéreas y cuentas de hoteles, junto con videos, fotografías y millones de horas de llamadas telefónicas internacionales y actividades por Internet que la NSA recolectó. Un tesoro comparable al universo con el que trabajaban los gigantes Yahoo y Google. En mayo de 2006 trascendió que la NSA estaba ampliando aún más sus redes, en secreto. *USA Today* informó que grandes compañías telefónicas habían cedido al gobierno cientos de miles de millones de grabaciones telefónicas. En ellas había detalles sobre quién llamaba a quién, de dónde, cuánto tiempo y si la llamada se transfería. ¿El personal de la NSA también escuchaba llamadas y leía mensajes de correo electrónico? No se dijo nada al respecto. Sin embargo, el gobierno de Bush dejó en claro que, en lo relativo a la lucha antiterrorista, se interpondrían en su camino pocos legalismos que implicaran informar al Congreso u obtener aprobación judicial. En consecuencia, los detalles de la vida de los estadounidenses fluyen en esas bases y es atribución de los recopiladores de datos del gobierno filtrar a los terroristas.

¿Los Numerati y la NSA pueden usar las técnicas estadísticas que hemos visto en la política y en la publicidad para identificar a un terrorista? ¿Los modelos de conducta de los terroristas suicidas son significativamente similares a los de los aficionados a las películas extranjeras en Netflix, las mariposas sociales en Facebook o los republicanos aislados en Greenwich Village? Me quedo pensando en estas preguntas mientras aguardo fuera del Museo de Criptología.

Se suponía que desde hace meses iba a tener esta reunión, pero la NSA se vio atrapada en una controversia en torno a la intervención telefónica sin autorización legal y tuve que esperar. Entre tanto, cada vez que me entrevistaba con un Numerati le preguntaba sobre los retos a que se enfrentan los recopiladores de datos en la NSA. Me enteré de cosas aleccionadoras. Los peligros de rastrear a terroristas vía datos electrónicos son formidables, y enormes los riesgos de tropezar. Estoy convencido de que ningún gobernante prudente confiaría la vida de sus ciudadanos a esos métodos, a menos que la seguridad de su país dependiera de ello y hubiera pocas alternativas. Éste es precisamente el temor. Y muchos podríamos vernos atrapados en esa red.

En lo que se refiere a la recopilación de datos, los posibles terroristas difieren de, por ejemplo, los compradores de caviar en Safeway de tres maneras fundamentales. Primero, se carece de un registro histórico de ellos. Es casi imposible elaborar un modelo predictivo de hechos raros o sin precedente, como los ataques a los trenes españoles, el club nocturno en Bali y las Torres Gemelas. Ello se debe a que las predicciones de base matemática dependen de pautas de conducta pasada. Supongamos que vuelo a Taiwán mañana y allá compro doscientas llantas Michelin con mi tarjeta de crédito. Minutos después, MasterCard llamará a mi casa en Nueva Jersey para preguntar si en realidad soy yo quien está gastando en Asia. Mis pautas de compra y las de ladrones de tarjetas están grabadas en el sistema de esa compañía. Un programa de computación conocido como 'red neural' revisa millones de transacciones y establece los límites de la conducta normal. Levanta una bandera roja cuando nota una desviación que podría indicar una tarjeta robada. (Un programa de este tipo fue el que detectó las irregularidades financieras del gobernador de Nueva

York, Eliot Spitzer, en 2007. El rastro de ese dinero llevó a descubrir los pagos a prostitutas y a la renuncia de Spitzer en marzo de 2008.) Sin embargo, esas herramientas son inútiles para reconocer o predecir algo nunca antes visto: los sucesos inesperados y estremecedores que el autor Nassim Nicholas Taleb expone en su libro *El cisne negro*.

Segundo, los presuntos terroristas, a diferencia de la mayoría de los compradores o los votantes, se encargan de no dejar huellas de sus acciones. El modo más simple de hacerlo es realizar las actividades importantes fuera de la red: sostener reuniones en persona y enviar mensajes codificados impresos o a través de emisarios humanos. No obstante, los terroristas también pueden manipular los datos que se recogen de ellos, distorsionando así lo que los especialistas llaman el «circuito de retroalimentación». Por ejemplo, pueden emprender preparativos de bombardeos o secuestros, suscitar una reacción en las agencias de inteligencia y luego aplazar el ataque. Jerry Friedman, profesor de estadística en Stanford, compara el efecto de esta táctica con las alarmas de auto que suenan constantemente y provocan que la gente las ignore. Desde la óptica de los recopiladores de datos, la inexistencia del suceso parecería un positivo falso. Podrían concluir equivocadamente que sus algoritmos necesitan una revisión. Al jugar con los datos, los terroristas juegan también con ellos.

Por último, fracasar en el terreno de la recopilación de datos puede destruir vidas. ¿Recuerdas que Ted Kremer se encogió de hombros cuando su lector automático en Umbria interpretó erróneamente el artículo de un blog y concluyó que el autor estaba en contra de Apple? A nadie le importó, porque en la mayoría de los casos la máquina entendía acertadamente los textos. Tampoco afectaba si los algoritmos de Joshua Gotbaum me clasificaban equivocadamente como Edificador del Granero o Clic Derecho. Lo único que habría pasado era que mi correo basura fuera un poco más molesto que de costumbre. Las industrias ideales para los Numerati son aquellas en las que pueden equivocarse con frecuencia y aun así obtener buenos resultados generales. No es el caso de la guerra contra el terrorismo. Las personas inocentes que fueran señaladas como terroristas vivirían una pesadilla. Esto es aún más preocupante en los países donde no están garantizadas las protecciones tradicionales, como la presunción de inocencia y la aplicación del hábeas corpus, y se tolera la tortura.

En la lucha antiterrorista, a cientos de millones de personas nos han reducido al papel de actores de reparto, extras. Nosotros ya no somos el objeto de atención, como sucede en cambio en la oficina y el supermercado. Los Numerati de la NSA y de organismos similares del mundo entero intentan rastrear sólo a los asesinos, que constituyen una fracción mínima entre nosotros. Pero ahí está el problema. Para que los investigadores detecten a esos individuos, primero deben definir qué es lo «normal». Imagina que nuestra sociedad es una cartulina enorme. A primera vista se ve toda azul, monocroma. Sin embargo, al observarla más de cerca se aprecian diminutos puntos y líneas de color rojo. Ese fondo azul nos representa a nosotros, los (en general) respetuosos de la ley y que no interesamos a nadie, porque nuestra única función en esta muestra es dar contorno a las partes rojas: los sospechosos de terrorismo. Los analistas pintan ese azul con los detalles de nuestra vida, para lo cual deben conocernos. Y a veces, si los algoritmos están un poco fuera de tono o nuestra conducta pierde el paso del modelo general, nuestro azul emite un leve destello rosáceo. Ahí sí tendríamos dificultades.

A las diez en punto, James Schatz llega al museo con su representante de prensa. Es calvo y está pulcramente vestido, con camisa blanca bien planchada y corbata. Camina con el aplomo y la precisión de un geómetra. Como recibí la indicación de no hacer preguntas políticas, la charla se centrará en los métodos matemáticos y estadísticos de inteligencia. Mientras nos dirigimos a la pequeña y austera sala de conferencias del museo y preparamos nuestras grabadoras, me acuerdo de una conversación reciente que tuve con Prabhakar Raghavan, el director de investigación de Yahoo. Según él, algunos analistas se embrollan tanto con la gran cantidad de datos, que colocan en cubetas distintas a dos personas que deberían estar en la misma. Pongamos por caso que una de ellas tenga cincuenta y un años, y la otra, cuarenta y nueve. Este dato las remite a cubetas diferentes, aunque no haya razón de peso para ello. Me pregunto si habrá un problema similar en la NSA.

Schatz aguarda con paciencia mientras trato de formular como pregunta las preocupaciones de Raghavan: «¿Le llega a pasar que usted cuenta con demasiados datos? ¿Cómo se interpone esto en el camino y confunde las cosas?» Parece desconcertado por mi falta de claridad. «Siempre es mejor tener más datos», responde.

Explica que a algunas organizaciones se les dificulta administrar grandes cantidades de datos. Y algunas hacen las preguntas equivocadas. Desde luego, no me hablará de la naturaleza de los datos que su equipo cierne al otro lado de la calle. Sólo dirá: «Los estadísticos están haciendo su agosto» y «La era de la información ha dado una vida completamente nueva a las matemáticas». Pero es evidente que, mientras políticos y defensores de las libertades civiles discuten cuántos de nuestros detalles personales se pueden introducir en el análisis de la seguridad nacional, los matemáticos de resolución de problemas de la NSA están encantados de recibir más.

«La era de la información en la que ya nos encontramos será totalmente nueva para lo que se conoce como matemáticas aplicadas», dice Schatz. Sus Numerati usan todas las herramientas estadísticas y matemáticas de su arsenal —topología, álgebra abstracta, ecuaciones diferenciales, teoría de los números— para reconstruir redes, predecir migraciones, analizar voces y asociar rostros fotografiados con los de una base de datos. Schatz dice que su organismo ha presenciado «una explosión de matemáticas en nuevas áreas». Describe equipos multidisciplinarios, en los que personas dedicadas a los números trabajan muy de cerca con ingenieros y científicos de la computación. Los «clientes» de estos equipos son los agentes de inteligencia, a menudo egresados de carreras humanísticas, relata (yo asiento con la cabeza). En teoría, estos agentes poseen el conocimiento requerido para ajustar los algoritmos de los recopiladores de datos y dirigir a los investigadores hacia refugios de terroristas u otros grupos peligrosos. Si los agentes tienen pistas o, mejor, información concreta, pueden pasar de una expedición de búsqueda a una cacería abierta.

Este pequeño Museo de Criptología es un monumento a la herencia de la NSA sobre el desciframiento de claves. A través de la historia, gobiernos y ejércitos han dependido de sus hombres más inteligentes para idear códigos secretos con los cuales proteger sus mensajes vitales. También han echado mano de ellos para desentrañar los secretos del enemigo. En una de las vitrinas de este museo está la famosa máquina Enigma de la Alemania nazi, cuyo código fue descifrado por ingeniosos matemáticos británicos. Ésta fue una de las claves para el fin de la Segunda Guerra Mundial. El gobierno estadounidense institucionalizó el desciframiento de claves cuando, en 1952, fundó la NSA, que pronto se convirtió en la mayor fábrica de matemáticas del mundo (sigue siéndolo hasta la fecha, aunque jamás divulga sus estadísticas). Los descifradores de la NSA combatieron en un frente importante durante la Guerra Fría. Mientras que los operadores de la CIA se reunían en secreto con sus fuentes, ya fuera en casas de seguridad en Berlín y Moscú o en cabañas con techo de paja en el delta del Mekong, sus equivalentes en la NSA llevaban una vida más tranquila. Viajaban a sus oficinas, primero en Washington, luego en estos cubos de cristal en los suburbios de Maryland. Su trabajo, para decirlo en términos muy simples, era igualar el ingenio matemático de sus homólogos en la Unión Soviética.

Cuando James Schatz fue contratado por la NSA en 1979, luego de terminar su doctorado en matemáticas en la Universidad de Syracuse, se integró inmediatamente a esa tradición. Me cuenta que en sus primeros quince años trabajó en matemáticas criptológicas, para lo cual se sumergió en algunos de los más profundos y no resueltos acertijos matemáticos, convirtiéndolos en una especie de armadura numérica que protegía las comunicaciones secretas. Para perforar esa armadura, el enemigo debía dominar matemáticas extremadamente avanzadas. A lo largo de la Guerra Fría, la criptología fue el centro de la carrera armamentista matemática.

En aquel entonces, el equipo de la NSA no tenía que hurgar en la psique humana. Sus colegas más sociables, los espías y los diplomáticos, se ocupaban de ese turbio dominio. Sin embargo, cuando a Schatz lo ascendieron a director del departamento de matemáticas, en 1994, hubo cambios. El Muro de Berlín se había desmoronado y los nuevos enemigos de Estados Unidos, ya fuesen jefes militares, terroristas o lavadores internacionales de dinero, estaban dispersos por el mundo. El reto de la NSA no era tanto descifrar sus comunicaciones como encontrarlos. ¿De qué manera se organizaban? ¿Dónde conseguían el financiamiento? ¿Cuáles eran sus planes? Esta información no viajaba en forma altamente encriptada a través de redes seguras, sino que una gran parte se mezclaba libremente con datos de todo el mundo. Al igual que el resto de nosotros, muchos de esos villanos enviaban los detalles de su vida y su misión a teléfonos celulares y a Internet. Se camuflaban gracias a una humanidad que estaba interconectada, lo cual significaba que los matemáticos de la NSA tenían ante sí un nuevo y más grande desafío. No pocos debían desplazar su atención de las matemáticas puras hacia los bulliciosos montones de palabras e imágenes y caritas sonrientes y clics de ratón volcados en las redes. En algún lugar de esa masa creciente de datos sin estructura debían encontrar a los malos y reconstruir sus redes. «Observe usted la industria de las telecomunicaciones, toda la información que viaja en Internet», dice Schatz. «¿Cómo vamos a aprovechar todo eso para el bien de la humanidad?» Para cumplir su misión central —proteger a los estadounidenses—, era necesario que los matemáticos de la NSA, como los Numerati de otras partes, entendieran a los seres humanos.

Corría el año 2002. Tropas de la Organización del Tratado del Atlántico Norte (OTAN) habían tomado por asalto Afganistán. El gobierno de Estados Unidos amenazaba con atacar Irak. Y Jeff Jonas, como muchos otros, seguía obsesionado con los ataques terroristas que detonaron esas guerras. Jonas, empresario productor de *software* de Las Vegas, no podía dejar de pensar en el 11 de septiembre. Con base en la información que el gobierno poseía durante las semanas y meses previos a la tragedia, ¿un sabueso de datos extremadamente inteligente y con las herramientas correctas habría podido desenmarañar el complot y frustrarlo? Jonas no era experto en terrorismo internacional, ni en la yihad islamista. Para ese entonces, nunca había viajado fuera de Estados Unidos. Pero era uno de los principales expertos en la búsqueda de personas que deseaban permanecer ocultas. Pensó que su método era digno de consideración.

Jonas, que es hoy uno de los científicos más importantes de IBM, me cuenta esta historia mientras disfrutamos comida china en un centro comercial cerca del aeropuerto de Las Vegas. Posee un aire felino y viste de negro. Cuando habla, se inclina hacia mí sobre la mesa y su impecable barba de chivo casi revolotea sobre mi pescado frito. Después de los ataques, refiere, estudió minuciosamente algunos documentos públicos, desde artículos periodísticos hasta testimonios dados durante juicios. Buscaba las rutas que habrían podido (y debido) atraer a los investigadores hacia los terroristas. Descubrió que a dos de éstos, Nawaf Alhazmi y Khalid Almihdhar, se les había incluido en la Lista de Vigilancia del Departamento de Estado dos semanas después de que el presidente Bush se enteró del plan de ataque de Al Qaeda. En retrospectiva, resulta fácil decir que los investigadores debieron rastrearlos. Pero Jonas señala que a esos dos hombres se les había vinculado con ataques previos contra el *USS Cole* y la embajada estadounidense en Nairobi. Ya eran blancos de la más alta prioridad. «No estamos hablando de personas con visa ilegal, cuyo número asciende a millones», dice. «Hablamos de terroristas asesinos conocidos en Estados Unidos. La lista era reducida.»

Si los investigadores hubieran buscado a esos sujetos, los habrían encontrado en el directorio telefónico de San Diego, como descubrió Jonas. Días después de que fueron incluidos en la Lista de Vigilancia, ambos reservaron boletos de avión a su nombre. Aun sin saber que esos aviones se convertirían en misiles, los investigadores debieron haber reparado en sus nombres. «Estos tipos estaban ocultos a plena vista», dice Jonas, quien repasa las pruebas, una a una. Compañeros de cuarto compartían números telefónicos y otros datos que los vinculaban con los demás participantes en el complot. Es cierto que los investigadores, aun con estos detalles, no habrían tenido ninguna pista de lo que esta red tramaba; sólo habrían visto que un grupo de personas vinculadas con pasados actos terroristas rentaban cuartos de hotel, hacían llamadas telefónicas y compraban boletos de avión. Aunque la detención de esos individuos se hubiera basado en sus registros y contactos, no en lo que planeaban, se habría frustrado el complot. El mensaje implícito del argumento de Jonas es, desde luego, que los investigadores habrían podido localizar a los asesinos si hubieran hecho mejor uso de los datos y las herramientas de que disponían.

¿Por qué volé hasta Las Vegas para ver a Jeff Jonas? Quiero saber de qué manera, aunque parezca inmoral, una sociedad puede vigilarse a sí misma sin perder su libertad ni caer en represiones, usando las herramientas de los Numerati. Jonas es el guía ideal. Se opone con vehemencia a que la recopilación de datos estadísticos se use para predecir nuevos ataques terroristas. Teme que ello provoque intromisiones y falsas alarmas. No obstante, confía en que los datos y la vigilancia protejan las libertades de los ciudadanos sin sacrificar su privacidad. Su método no es muy diferente del de un detective a la antigua. Comienza por una pista: un sospechoso, una puerta, una señal de conducta dudosa. Y a partir de ahí sigue las huellas de los datos. Esto es lo que yo llamo el método del detective privado, una alternativa de enfoque específico distinta de la recopilación de datos predictivos. Hace meses, mientras comíamos en Nueva York, Jonas me dijo que Las Vegas era un caso de prueba perfecto para los detectives privados. Estoy aquí para constatarlo.

Jonas ha hecho negocio y fortuna siguiendo pistas de datos. Empezó a desarrollar su método de enfoque específico, centrado en un objetivo, rastreando a un grupo de asesinos acuáticos y sus víctimas. A principios de 1995, aquel joven talento del *software* llegó a trabajar al Hotel Mirage de Las Vegas. Los peces que nadaban en su enorme acuario valían un millón de dólares. Pero había un problema: algunos de los ejemplares más costosos estaban desapareciendo, aparentemente devorados por sus compañeros de estanque. El trabajo de Jonas era crear un sistema de rastreo de peces para que el hotel pudiera calcular la tasa de supervivencia de cada especie y dejara de invertir en perdedores darwinianos. Jonas, un hombre muy social, aprendió mucho sobre el negocio de los casinos mientras se familiarizaba con los desplazamientos de los peces tropicales. Oyó decir que el negocio iba viento en popa, pero que ello, por contraste, también acarreaba vulnerabilidades. Al tiempo que miles de personas cruzaban sus puertas, los casinos se afanaban para identificar a ladrones y estafadores, por lo que necesitaban un sistema más avanzado que el que Jonas preparaba para el acuario. En la cacería humana, buscarían predadores específicos. Si bien durante décadas los casinos habían confiado esa labor a personas, las cosas ya estaban fuera de control. Las cifras eran alarmantes.

Así que Jonas creó un *software* para ayudar a localizar con precisión a estafadores, embaucadores e intimidadores, lo que los ejecutivos de los casinos llaman «sujetos de interés». Denominado NORA (*Non-Obvious Relationship Awareness*, o «conocimiento de relación no obvia»), ese *software* se especializaba en hacer cruces entre grupos de datos internos de los casinos, desde expedientes de personal hasta solicitudes de crédito, para buscar hilos comunes. Por ejemplo, NORA podía ver que Krista, quien estaba en la lista de sospechosos, tenía el mismo número telefónico que Tammy, que acababa de solicitar empleo como crupier de *blackjack*. ¿Eran cómplices para cometer delitos? NORA destacaba las correlaciones, y a los seres humanos les correspondía buscar las respuestas. Reconstruir esas relaciones a partir de un mar de datos era una tarea invaluable. NORA ayudó a aclarar quién era quién.

A diferencia de otros sistemas de análisis de datos, NORA no sólo mira hacia el pasado, sino que también se asoma al futuro. Supongamos que un casino persigue al jefe de una banda que recluta grupos de maleantes a través de Internet. (Éste es un problema creciente.) Luego de investigar, cuenta con algunos datos sobre él: un alias, dos números telefónicos y una dirección, por decir algo. En un típico estudio retrospectivo de datos, los investigadores filtran todos sus registros en busca de señales de ese individuo. ¿No aparece nada? Gracias a Dios… Pero al día siguiente se hospeda en el hotel un simpático turista que da buenas propinas. El número telefónico que garabatea en el formulario es uno de los dos de la lista. En un sistema tradicional, el casino no lo detectará, a menos que repita la cacería. Pero en el caso de NORA, cada nuevo dato —cada número telefónico, cada nombre y dirección— genera una nueva búsqueda. NORA le pregunta al sistema: «¿Hay algo sospechoso sobre esta persona?» Así es como este programa se adelanta en el tiempo. Está constantemente en acción, explorando el futuro, uniendo las piezas de las pruebas conforme llegan.

Después de que Jonas dio a conocer NORA, sólo fue cuestión de tiempo para que otras compañías y organismos gubernamentales llamaran a su puerta. El reto de hallar identidades y establecer correlaciones en vastas bases de datos no era exclusivo de Las Vegas. Cualquier interesado en revisar datos para localizar a compradores o pacientes o votantes o empleados o parejas… en suma, largas filas de Numerati necesitaban desesperadamente adquirir NORA o algo parecido. Los más urgidos eran quienes batallaban con los mayores y más embrollados conjuntos de datos del mundo para dar con la identidad y los movimientos de terroristas. En enero de 2001, In-Q-Tel, el sector de financiación de empresas de la CIA, compró acciones de la compañía de Jonas, Systems Research and Development (SRD). Y luego de los ataques del 11 de septiembre, NORA entró a la guerra contra el terrorismo. Cuatro años más tarde, IBM compró SRD por una millonaria suma no precisada. Jonas se volvió rico y pasó de empresario a distinguido ingeniero y científico de primer nivel de IBM. Su empresa se transformó en el grupo Entity Analytics de IBM. En su nuevo papel, Jonas tiene mucho que decir acerca del uso de la tecnología para la seguridad nacional. Participa en páneles, testifica en investigaciones solicitadas por el presidente y es uno de los líderes de los esfuerzos de IBM en el frente defensivo de esta nueva guerra.

Jonas me cuenta que de joven fue surfista y guitarrista. Cuando estaba en décimo grado se inscribió en un curso de computación, y luego en otro. Cuando los terminó, se dijo: «Me voy de aquí». Pasó el examen de equivalencia de graduación y desertó.

Dos años después dirigía una floreciente empresa de *software*, Preferred Programming Services, aunque sabía más de programación que de administración de empresas. Las deudas lo rebasaron y quebró. A sus veinte años, dormía en su auto.

Como pudo, regresó al campo del *software*. Aun antes de encontrar dónde vivir, inició su siguiente compañía, SRD, que despegó. Sin embargo, a los veinticuatro años, Jonas pasó por otro momento decisivo. Quería comprar un BMW nuevo; le pidió a un vendedor que dieran una vuelta, y el vendedor chocó el coche. Jonas se rompió el cuello y sufrió parálisis temporal. Cuando recuperó el movimiento de las extremidades, tuvo que someterse a una larga rehabilitación. Me cuenta que la parte central de su médula espinal está muerta. Hasta la fecha, casi no tiene sensibilidad en el lado derecho del cuerpo. «Puedo sentir la diferencia entre la punta de un lápiz y su goma», dice, picándose los dedos con un tenedor, y después toma un vaso de agua helada. «Pero no distingo la diferencia entre calor y frío. Tampoco siento muy bien el dolor.» Desde el accidente, Jonas es una máquina en constante movimiento (con un altísimo umbral de dolor). Programa sus reuniones de negocios y conferencias en lugares como Singapur, Brasil y Nueva Zelanda de tal manera que coincidan con los triatlones Ironman. Un día habla en una sala llena de ejecutivos sobre cómo localizar a personas usando *software*, y al siguiente está nadando en una bahía, subiendo y bajando en bicicleta de una montaña y corriendo hasta catorce horas seguidas. Dice que esos episodios le sientan de maravilla. Relata que a veces se le sale un zapato y se da cuenta de que se le cayó una uña.

«Creo que puedo meterte a una cofa», me dice Jonas una tarde. Se refiere a la sala de vigilancia que está en lo alto del casino. Quiere que contemple el mundo a través de los ojos de los empleados de seguridad, no tanto por los detalles que pueden percibir desde arriba, sino por los que no pueden ver. He ahí la clave de todo tipo de vigilancia, señala: en qué poner la atención. Esto es crucial en Las Vegas. La gente viene a hacer aquí todo lo que no se atrevería a hacer en casa. Les gusta la libertad del derroche, beber en exceso y dejarse llevar por prácticamente todos sus impulsos animales, desde echar una mirada por debajo del vestido de una cantinera hasta concertar un *ménage à trois,* todo ello de manera extraoficial. En suma, quieren pecar en el anonimato, lo que es otra manera de decir que buscan libertad y privacidad. Lo paradójico es que para esto, por extraño que parezca, vienen a un mundo repleto de cámaras, aunque podría ser una visita al futuro, cuando las cámaras y otros sensores nos rodeen y protejan. Sólo nos queda pedir que así sea y que nuestros secretos sean guardados. Jeff Jonas agrega que los casinos han estado más cerca que nadie de dominar este acto de equilibrio.

—¡Ahí está!
     —¿Qué?
     —¿Viste lo que hizo con la mano?
     —Repítelo.
Gracias a las relaciones de Jonas, me encuentro en la sala de vigilancia de un gran casino de Las Vegas. Está oscuro. Casi toda la luz procede de las decenas de monitores que parpadean en la pared. Cuatro personas ponemos atención a uno de ellos. Vemos a una joven que bebe y bromea con sus amigos y se la pasa de maravilla; al mismo tiempo, hace trampa en la mesa de *blackjack.* En honor a la justicia, he de decir que observamos cada mano que ha jugado y sólo la vemos hacer trampa una vez. Sucede como de rayo. Se reparten las cartas. Ella hace su apuesta. Tiene un *blackjack,* mano ganadora. Y con un movimiento rapidísimo —que me deja boquiabierto, sobre todo por lo mucho que ha bebido—, añade a su apuesta otra ficha de cinco dólares. Es ilegal; una infracción de juego, como le dicen en Las Vegas.

Claro que ella no coló dados cargados sobre la mesa de *craps* ni limó las bolas de la ruleta, pero lo que acaba de hacer no está permitido y en la cofa digital presencio la discusión de cómo administrar justicia. Pienso que así es la vida en una sociedad vigilada, mientras miro a mi alrededor. La vista es impresionante. Los casinos han instalado cámaras fijas sobre todas las mesas, así como cámaras móviles que abarcan prácticamente cada centímetro de las salas de juego y envían las imágenes a los monitores que tenemos frente a nosotros. Cuando llegué, probamos estas herramientas con un cliente que acababa de entrar al casino. Llevaba una mochila al hombro. Tal vez sus ojos aún no acababan de ajustarse a la oscuridad tras dejar fuera el resplandor del desierto. Los miembros del equipo de vigilancia siguieron sus movimientos, pasando de una cámara a otra. Intercambiaron coordenadas lacónicas, como pilotos en una maniobra de bombardeo. Vimos que el hombre se abrió camino entre las máquinas tragamonedas, las mesas de *craps* y el bar hasta llegar a la recepción del hotel. Yo esperaba, por su bien, que no fuera a rascarse ni a meterse un ocioso dedo a la oreja durante el trayecto, porque su público lo estaba observando.

Minutos después, al equipo de vigilancia se le pide estudiar la conducta de una mujer en una mesa de *blackjack*. Es la que observamos ahora. Le calculo veintitantos años. Juega con otros dos hombres. Sonríen y bromean. Ella lleva una blusa escotada de tirantes delgados. Le da sorbos a su copa, que sostiene con la mano izquierda, la cual alza varias veces para acomodarse un tirante que no deja de deslizársele por el hombro. En un monitor contemplamos su juego. Tiene dos cartas que totalizan catorce, y pide otra. Recibe un rey. ¡Vaya! Rebasa los veintiuno, lo cual quiere decir que ha perdido la partida. Al parecer, esto no arruina su diversión. Entre tanto, en otro monitor, un miembro del equipo ha rebobinado la cinta. (Sí, es una videocasetera, lo que me parece sorprendentemente primitivo.) Analiza las partidas de la mujer y descubre la trampa. «¡Te caché!», exclama, y nos avisa de inmediato. Vemos el acto una y otra vez en cámara lenta. ¿El crupier no la estaba viendo de frente? ¿No se dio cuenta? ¿Los otros hicieron algo para distraerlo? Es difícil saberlo.

Con todo, el casino tiene pruebas de que ha infringido la ley, lo que provoca una discusión. ¿Es una profesional? ¿Está ebria? ¿No conoce las reglas? Determinan que no es profesional; son sólo cinco dólares. Envían a un supervisor para hablar con ella, y junto con sus amigos abandona la mesa. Contemplamos. Ella se muestra sorprendida, desconcertada, luego seria. El supervisor le dice algo que la tranquiliza. La joven se relaja, sonríe, bromea y recupera la alegría. Las autoridades le han hecho saber que ella y todos los demás jugadores hacen sus apuestas bajo una legión de ojos atentos. Pero esta vez han optado por no echar a perder el ánimo festivo. De hecho, ella se aleja sin que nadie le pregunte su nombre. No importa.

Lo mismo vale para los demás jugadores. Ya sea que se deslicen sigilosamente al bar para tomar cubas libres o que de un vaso de papel saquen monedas de un cuarto de dólar para insertarlas en una máquina tragamonedas, son libres. No hay ningún dedo acusador aquí. Si pagan con efectivo y son mayores de veintiún años, nadie les pregunta su nombre. Son anónimos. Pero juegan bajo la mirada de los empleados de seguridad, allá abajo, y de sus compañeros de equipo acá arriba, en la sala de vigilancia.

Le pregunto al jefe de la sala qué detalles debe recolectar el casino para localizar al puñado de embaucadores y ladrones, qué datos los distinguen del resto de nosotros. Dice que todo se reduce a tres preguntas: ¿están en la lista de pillos, estafadores y prestidigitadores del casino? ¿Su conducta en el casino indica juego sucio? ¿Han ganado mucho dinero? Viéndolo bien, estas tres preguntas son los fundamentos de casi todas las labores de policía e inteligencia: ¿la persona tiene un historial? ¿Actúa de manera sospechosa, quizá en contubernio con otras? ¿Está en el lugar —o cerca— en que ocurren sucesos significativos, como los bombazos en los autobuses de Londres o una fabulosa racha de suerte en una mesa de *craps* en Las Vegas?

Las personas que se encuentran aquí, en la torre de vigilancia, y en el piso, son las que escudriñan la conducta de los jugadores. Las señales que buscan son tan sofisticadas y sutiles para ser captadas por cámaras o sistemas de recopilación de datos. Algunas personas, por ejemplo, no sonríen ni beben. «Es como si estuvieran trabajando», comenta el jefe de vigilancia. Otras hacen gestos que podrían ser señales. Se pasan insistentemente las manos por el pelo, o inclinan su bebida. Otras más se ponen en el zapato un aparato para contar cartas y hacen ligeros movimientos cuando aprietan los botones con los dedos de los pies. Todas estas señales encajan en los ejemplos que se enseña a los equipos de vigilancia. Captarlas requiere observación e inteligencia humana.

Las señales más fáciles de detectar proceden de los números. En general, éstos deben ser tan predecibles como los trenes que llegan a la estación de Zurich. Al principio, los números fluctúan y dan esperanzas a los jugadores audaces. Pero luego cada uno llega a una tasa de rendimiento estándar que favorece al casino. Cuando los casinos notan desviaciones respecto de los números esperados, echan un vistazo.

La tercera categoría de señales proviene de los datos. Aquí es donde las cosas han cambiado y donde personas como Jeff marcan la diferencia. En los viejos tiempos, Las Vegas dependía de personas especiales para recolectar datos. Los expertos revisaban expedientes de hoteles, crediticios y personales, en busca de individuos que parecieran «sujetos de interés». Desde luego, se concentraban directamente en pillos y estafadores conocidos, a quienes debían cerrar la puerta o no dejarlos salir. Pero los sabuesos de datos también estaban a la caza de jugadores empedernidos; a éstos había que llevarlos a *suites* de lujo u obsequiarlos con una gran botella de champaña. En lo relativo a detectar algo fuera de lo normal, ya fuese promisorio o sospechoso, ninguna máquina podía rivalizar con un ser humano inteligente y experimentado. Considera a Rick, el personaje de Humphrey Bogart en *Casablanca*. Barría el piso con la mirada y revisaba los nombres en el libro de cuentas. Sabía las historias sórdidas. Estaba al tanto de los enredos de amistades y alianzas. Conocía el lugar a la perfección. No obstante, los gigantescos casinos-hoteles de hoy son demasiado para el método humano. Algunos tienen más de tres mil habitaciones y reciben cien mil visitantes diarios, muchos más que el local de Rick en África occidental. Requieren máquinas potentes para revisar los datos. Y el sistema que usan, declara Jeff, podría ayudar a enfocar mejor las cosas en la lucha contra el terrorismo.

Claro que no podemos bajar la guardia, confiados en que los terroristas más peligrosos aparecerán en las listas de vigilancia del gobierno, divulgarán sumisamente sus nombres y direcciones en las guías telefónicas, y reservarán boletos de avión y cuartos de hotel para su troupe suicida. Eso sería mucho pedir. No existen registros de todos los sospechosos. Los detectives privados andan escasos de pistas, y los recopiladores de datos batallan para encontrar señales significativas. ¿Esto quiere decir que el gobierno debería suspender la caza electrónica de terroristas y que los Numerati deberían buscar empleos más inofensivos en publicidad y tiendas de comestibles, donde sus métodos estadísticos funcionan a la perfección? Para nada. La necesidad de cerrar la brecha de información es urgente, porque está en juego la seguridad de millones de personas. Para protegerlas, hay que emplear las herramientas disponibles, por defectuosas que sean. En las culturas difíciles de penetrar y de comprender, la recopilación de datos ofrece al menos la posibilidad de hallar algo. Los estadounidenses compensan sus deficiencias en idiomas e información de primera mano con una avanzada tecnología aún por probar.

Esto ha dado lugar a una fiebre del oro de investigadores, que atraviesan por un periodo de experimentación amplia y desenfrenada. Los Numerati se involucran en cualquier disciplina que se cruce en su camino, ya sea economía, física, biología o sociología, con tal de descubrir fórmulas que se ajusten a la predicción de la conducta de terroristas. Pero no se mueven únicamente en el campo de la recopilación de datos; también rescatan teorías, muchas de ellas gestadas bastante tiempo antes de que llegaran las computadoras a triturar números. La idea es que ciertos modelos, tanto en la conducta humana como en la naturaleza, surgen en diferentes terrenos. Tal vez algunos ayuden a reconocer células de terroristas incipientes o fábricas de bombas. Los investigadores poseen siglos de datos, por ejemplo, sobre la propagación de plagas y epidemias. Pueden establecer, matemáticamente, la probabilidad de que las semillas de dientes de león de mi patio paren en el cuidado jardín de mi vecino de enfrente. ¿Las ideas de odio de los terroristas se dispersan de acuerdo con un modelo similar? ¿Las células del terror hacen metástasis como el cáncer? ¿Mutan y evolucionan como ciertos virus? ¿No? ¿Y si se cambian una o dos variables? Los científicos sociales estudian la evolución de redes, desde aquéllas en MySpace hasta las de los usuarios de teléfonos celulares en Singapur. ¿Quiénes son los ejes en esas redes? ¿Cómo llegan a esa condición? ¿Sus esferas de influencia cambian con el tiempo? De nueva cuenta, lo que aprenden los investigadores en este ámbito puede reducirse a las matemáticas de las comunicaciones humanas y la organización entre redes. ¿Al Qaeda sigue pautas semejantes?

Tal como nuestra experiencia en Internet, los datos que se vierten en las computadoras de la NSA van más allá de la palabra escrita. Gran parte de ellos llegan en forma de voces, imágenes y video. Podría tratarse de un rostro en medio de una multitud en Bagdad, o de una voz enérgica que da órdenes en farsi desde una cuenta de Skype en algún lugar del Cuerno de África. Para sacar provecho a esta profusión de datos, las máquinas deben dar sentido a las palabras que pronunciamos en incontables idiomas. Deben aprender a distinguir a uno o dos rostros entre otros seis mil millones. A fin de extender sus redes a los sonidos e imágenes, los antiterroristas necesitan nuevas tecnologías. Investigadores del mundo entero, muchos de los cuales disfrutan de jugosas subvenciones gubernamentales, se ocupan de desarrollarlas.

Una de estas tecnologías se ha recreado tanto en el cine que ya nos resulta familiar. Una máquina revisa automáticamente fotografías de personas en un café de Trípoli o Karachi, o de los disparos realizados contra una multitud durante las Olimpiadas. Luego compara los rostros de las fotos con los de un expediente de terroristas conocidos y otros sospechosos. Bueno, ésa es la meta. Cuando tales sistemas cobren forma, nuestros rostros terminarán en enormes bases de datos. Luego, computadoras controladas por gobiernos y corporaciones podrán diagramar los movimientos de la humanidad. Para la mayoría de nosotros, en realidad, esto no representará un gran cambio. Nuestras caras aparecerán a lo largo de las mismas trayectorias trazadas por nuestros boletos de avión, tarjetas de crédito y, sobre todo, teléfonos celulares. Sin embargo, las imágenes de rostros quizá sean vitales para la policía, la cual podría obtener datos de personas que hacen todo lo posible por mantenerse fuera de las redes. Un lector de fotos podría revelar, por ejemplo, que el mismo hombre de ojos verdes con un golpe en la nariz y una cicatriz en el labio ha viajado por lo menos tres veces en un año entre Newark, el bullicioso suburbio parisino de Saint-Denis y El Cairo. ¿Ese rostro aparece en otras bases de datos?

De hecho, ya está surgiendo una red mundial de miradas indiscretas. La Gran Bretaña es pionera en la instalación de cámaras de seguridad; tan sólo en Londres hay doscientas mil. Según la policía, la imagen de cada británico es captada, en promedio, por trescientas cámaras cada día. Algunas ciudades estadounidenses, como Chicago y Nueva York, siguen rápidamente ese ejemplo. Y el *New York Times* publicó a finales de 2007 que el gobierno chino había anunciado planes no sólo para vigilar las calles de la sureña ciudad de Shenzhen con veinte mil cámaras de la policía, sino también para permitir a ésta tener acceso al material procedente de otras ciento ochenta mil cámaras controladas por el gobierno y compañías privadas.

Todos, desde terroristas hasta pasajeros del metro, tendremos papeles cada vez más importantes en esas películas de vigilancia. Pero en el foro global —a diferencia de los acogedores casinos de Las Vegas— no hay suficientes trabajadores humanos para observar la acción completa. Y la maquinaria para cerner todo ese material de video aún no está lista. Actualmente, un sistema automatizado puede comparar imágenes de sospechosos con miles de fotos que la policía tiene en sus archivos y seleccionar un puñado que muestre alguna semejanza, pero luego cederá el trabajo a los seres humanos. A pesar de lo que Hollywood nos haga creer, en gran medida la tecnología de reconocimiento de rostros sigue siendo un proyecto. Caras entran y salen de las sombras. Pasan de frente a perfil. Se estiran al reír y se inflan al comer. Con la edad, les sale barba, pierden dientes, engordan, les aparecen arrugas. Identificar el mismo rostro entre tantos cambios es una tarea muy complicada para las computadoras, aunque cada vez están más avanzadas. El Instituto Nacional de Normas y Tecnología de Estados Unidos organizó en 2006 su Grand Challenge de sistemas de reconocimiento de rostros. Los investigadores debían desarrollar modelos tridimensionales de caras que pudieran reconocerse desde varios ángulos. Desde la competencia anterior, celebrada cuatro años atrás, los resultados mejoraron en un factor de diez.

Los científicos también están examinando más a fondo los ruidos que producimos. No sólo nuestras palabras, sino también nuestro timbre de voz. Por ejemplo, investigadores de BBN, firma ubicada cerca de Boston, tienen contratos gubernamentales para estudiar los efectos de las emociones en la voz. «Cuando uno se encuentra estresado, produce sonidos en forma distinta», declara Herb Gish, su director científico. «¿Son diferentes de cuando uno está enojado o triste?» Naturalmente, este reto se resuelve, como tantos otros, descomponiendo la voz en datos. Luego se estudian los modelos, como si fueran hebras de ADN, y se les correlaciona matemáticamente con las emociones que expresan. En determinado momento, afirma Gish, los investigadores dispondrán de herramientas para medir la probabilidad de que la voz que se oye del otro lado de la línea telefónica o por Internet proceda de una persona triste, enojada o tensa. Esto significa más trabajo para los recopiladores de datos. Tendrán que crear algoritmos para indagar en los vastos archivos de audio, en busca de palabras clave y modelos de redes, y también de estados de ánimo. El nivel de complejidad sigue disparándose.

Mientras los sabuesos del gobierno cavan más hondo en redes y datos, deben superar los mismos retos que los Numerati de otras partes, en Google, Umbria y Microsoft. Dado que espías y anunciantes trabajan con las mismas matemáticas, ello genera una pugna por hacerse de valiosos talentos intelectuales. Una generación atrás, la NSA podía reclamar con tranquilidad a muchos de los matemáticos y científicos de la computación más brillantes en Estados Unidos, pero hoy debe rivalizar con gigantes en Internet que valen cientos de miles de millones de dólares. La competencia es mundial. Cuando personajes célebres como Raghavan, de Yahoo, antigua estrella en IBM Research, entran al mercado de trabajo de Internet, estallan guerras por quedarse con ellos. En el caso de Raghavan, la guerra fue entre Microsoft y Yahoo. Ambas compañías se esfuerzan por seguirle el paso a Google, que ha formado millonarios en todo el mundo. ¿Cómo puede competir la NSA con ellas? Más aún, las compañías de Internet tienen la libertad de abrir divisiones de investigación en India, China, Japón y Europa, que producen más matemáticos y científicos que Estados Unidos. Y como hemos visto a lo largo de este libro, esas empresas contratan una gran cantidad de extranjeros talentosos en Estados Unidos. La NSA, en contraste, se limita a ciudadanos estadounidenses, una restricción severa. Schatz dice que ese organismo aún puede conseguir a los grandes, individuos atraídos por una estable vida suburbana, el servicio nacional y la posibilidad de enfrentar retos de gran envergadura.

Aun así, en lo tocante a rastrear mediante datos a gente como la de Al Qaeda, el gobierno difícilmente puede hacer solo el trabajo. Por lo tanto, delega gran parte al exterior. Toma vastos archivos de los llamados datos de terroristas; los desclasifica cambiando nombres y otras características, y luego los distribuye entre investigadores de universidades y corporaciones. De esta manera comparte el trabajo con miles de personas que, como yo, se hallan fuera del complejo cercado de la NSA.

¿Alguna vez te has topado con una persona y has pensado que es extraño que no la hubieras conocido antes? A menudo se trata de alguien cuyo camino se cruza con el tuyo. Tal vez vivan en el mismo vecindario, o viajen en el mismo tren cada mañana, o tengan un ex novio o ex novia en común. A lo mejor son las dos únicas personas en su tranquila ciudad que tienen la lengua perforada y el cabello teñido de verde.

Ahora imagina que intentas predecir al siguiente amigo que conocerás. ¿De cuál de tus círculos surgirá? ¿Qué realidades de ustedes, y de otros, tienen más probabilidades de conducir a esa conexión? Los investigadores de la Universidad Carnegie Mellon buscan las respuestas mientras prosiguen su trabajo con incontables datos de vigilancia desclasificados del Departamento de Seguridad Nacional.

Supongamos que tres sospechosos de terrorismo fueron detectados hace una semana en Nairobi. No hay señales de ellos ahora. Pero es posible que hayan hecho planes con camaradas, quizá integrantes de células terroristas incipientes. ¿Quiénes son esos aliados ocultos? Con frecuencia, dice Artur Dubrawski, uno de los investigadores de Carnegie Mellon, el gobierno tiene datos de muchas personas. Sabe que algunas son sospechosas de terrorismo, pero todas las demás son apenas un nombre. Luego entonces, ¿cómo saben los investigadores dónde buscar? ¿Cuáles de esos nombres tienen mayor probabilidad de estar asociados con aquellos tres que pasaron por Nairobi?

Es más fácil concebir las matemáticas que este caso conlleva imaginando tu vida y la de tus amigos. Supongamos que invitaste a cenar a cuatro personas y quieres añadir a una quinta. Debería ser alguien que se integre al grupo, por amistad o valores compartidos. Esto es lo que el equipo de la Carnegie Mellon llamaría el «mejor amigo». Tú y las cuatro personas de este pequeño ejemplo serán el conjunto de instrucción. Considerarás los diversos vínculos que compartes con ellas y con base en ellos determinarás quién, con mayor probabilidad, será el quinto invitado. Así que adelante. ¿Qué características compartes con estas personas? Digamos que dos de ellas son abogados, como tú. Tres son mujeres. Una es una amiga de tu hermana. Una es una antigua novia. Uno de los dos abogados fue contigo a un campamento de verano en la década de los ochenta. Vive arriba. Dos hablan excelente francés, idioma que te encanta, y un tercero cocina comida francesa. Algunas de estas características parecerían descabelladas o fuera de lugar. Tal vez sepas, de hecho, que tres de estas personas roncan, o que dos salían con diplomáticos. Inclúyelo todo. Las cosas irrelevantes —el ruido— se eliminarán más adelante.

Ahora imagina que tú y tus cuatro invitados son cinco puntos en una gráfica. En el mundo de las redes sociales, se llaman nodos. (La mayoría de los conjuntos de instrucción tienen cientos o miles de ellos.) Cada vínculo compartido entre las cinco personas se representa con una línea que las une. En el mundo de la computación, estas gráficas existen en dimensiones ilimitadas, como el universo de blogs de Umbria. Tú no tendrás que preocuparte por miles de líneas que se cruzan y forman una maraña, a la manera de un proyecto de ciencias de la primaria. Hay espacio para todos. El siguiente paso es calcular la importancia de cada línea. Aquí entra la estadística. ¿Cuáles nexos distinguen más a tus amigos de los demás vínculos en el mundo? Si invitaste a tu cena tanto a hombres como a mujeres, los vínculos de género son factores predictivos poco significativos. En este aspecto, tu grupo es un reflejo del mundo. El método del Mejor Amigo apunta directamente a los vínculos que distinguen a tu grupo. Los vínculos entre abogados, por decir el francés y la conexión del campamento de verano, son tal vez factores mucho más predictivos. Así que reciben una puntuación, o coeficiente, más altos. Esas líneas son más gruesas en la gráfica. Es momento entonces de que el programa de la Carnegie Mellon reúna todos los números y elabore un perfil compuesto de tu más probable «mejor amigo». Luego revisará una base de datos de tus amigos y asignará una puntuación a cada uno. La persona con más alta calificación en la lista es la elección del sistema como la que más probablemente disfrutará la cena del próximo sábado contigo. ¿Cómo logró esa persona tan alta puntuación? Quizá se debió a la afición a la comida francesa, alguna experiencia en un campamento de verano o un gusto por litigar. En el caso de la seguridad nacional, que es más importante, podría resultar que el mejor amigo de los tres terroristas vistos en Nairobi estuvo en Afganistán durante el mismo periodo que dos de ellos. O tal vez llaman a los mismos números telefónicos o tienen un hermano en la misma cárcel.

Supongamos que la base de datos desclasificada en la computadora de la Carnegie Mellon está llena del mismo tipo de datos abundantes que encontraste para describir a tus invitados. Esto nos lleva a un problema central en la caza electrónica de terroristas: datos dudosos y archivos incompletos. No es de sorprender que conozcamos a nuestros amigos mucho mejor que a nuestros enemigos.

Los servicios de inteligencia suelen desconcertarse aun ante el dato más básico de todos en el expediente de una persona: su nombre. Ésta es un área crucial en la que la diversidad cultural desafía a la magia clasificadora y contadora de la computadora. Jack Hermansen lo sabe muy bien. Ha trabajado en el reconocimiento electrónico de nombres desde 1984, cuando obtuvo su doctorado en lingüística computacional en la Universidad de Georgetown. El Departamento de Estado lo llamó entonces para determinar qué nombres pertenecían a qué personas. Les parecía una tarea sencilla: deducir las variaciones, de una cultura a otra, en la ortografía de un nombre como Sean, Mohammed o Chang y vaciarlas en una computadora. «Querían solucionar su problema con un polvo lingüístico mágico», recuerda Hermansen. Pero él sabía que la interpretación global de los nombres es muy compleja. ¿La palabra «Haj» en un nombre árabe? Sencillamente significa que se ha hecho la peregrinación a la Meca, aunque aparecerá como apellido en algunas bases de datos. Un Chang aparecerá en francés como Tchang, o quizá Tchung, y los alemanes y los rusos tendrán diferentes versiones. Tan sólo los chinos tienen once maneras diferentes de escribir Osama bin Laden.

Hermansen creó una compañía para identificar nombres, Language Analysis Systems (LAS). El inmenso mosaico de nombres de esta empresa, tal como se les organiza y escribe de una cultura a otra, requiere la labor de antropólogos y lingüistas, no de científicos de la computación, a pesar de que estos conocimientos se vierten en computadoras. En la primavera de 2006, Hermansen vendió LAS a IBM. Ahora trabaja muy de cerca con la unidad de detección de identidad de Jeff Jonas. No obstante los avances, dice Hermansen, desenmarañar los nombres del mundo nos seguirá confundiendo durante varias generaciones. «Mis nietos podrían seguir trabajando en el tema.»

Eso no quiere decir que técnicas como el análisis del Mejor Amigo no sean útiles para la NSA. Pero los equipos multidisciplinarios de los que habla Schatz necesitarán mucha orientación de los agentes de inteligencia. Es de esperar que los egresados de carreras humanísticas dominen una o dos lenguas extranjeras. Y para comprender los prejuicios culturales al seleccionar ciertos datos, una buena dosis de antropología no vendría nada mal.

Entre tanto, muchas herramientas y tecnologías adaptadas a la seguridad nacional podrían hallar mercados receptivos más cerca de casa, lo cual tiene sentido, ¿no? Los organismos de inteligencia quizá tengan datos irregulares en sus archivos extranjeros, con toda clase de nombres complicados y repetidos. En cambio, los archivos que nosotros utilizamos rebosan de datos útiles e inteligibles. Nuestros registros en el trabajo, por ejemplo, muestran con claridad nombres y calendarios, y todos funcionan con el mismo sistema de correo electrónico. Considera cuál podría ser la utilidad del análisis del Mejor Amigo. Digamos que un colega renuncia a su puesto en tu compañía. ¿Quién es la persona que con más probabilidad se vería afectada por su partida? ¿Esa persona será la siguiente en saltar del barco? Los gerentes pueden intervenir. Yéndonos a un escenario más gris, ¿qué pasaría si se descubre que un compañero vende información confidencial? ¿Un análisis del Mejor Amigo podría detectar a otras personas a las que hay que vigilar? Si bien esto suena alarmante, tiene su lado positivo: una vez que los Numerati dominen esas técnicas con nosotros, quizá puedan emplearlas para atrapar terroristas.

De regreso en Las Vegas, pruebo la misma ocurrencia con Jeff Jonas, que no le halla ninguna gracia. Desde su punto de vista, la tecnología para vigilarnos y para predecir nuestra conducta seguirá adelante sin parar. «Todos quieren competir», comenta, «ya sea gobiernos entre sí, compañías unas con otras, o gobiernos contra amenazas [terroristas]. Y cuando compites, quieres tener los mejores recursos humanos, las mejores mentes, las mejores herramientas y los mejores datos. Siempre quieres más datos, mejores herramientas, personas más inteligentes». Se inclina hacia delante. «¿Cuándo va a acabar esto?» Él mismo se responde: «Nunca». Las máquinas que recogen nuestros datos seguirán proliferando, con sensores inalámbricos y cámaras que observarán nuestros movimientos. Gran parte del mundo podría contar con una vigilancia estilo casino. «Me pongo a pensar cuándo se va a calmar esto», dice Jonas. «¿Acaso nadie pisará el freno? ¡Ja, ja, ja!»

Ese freno, o mecanismo de control —candados y escudos para defender nuestra privacidad—, no suele aparecer en la tecnología original. Se añade después como accesorio. ¿Por qué? La naturaleza de la innovación es crear primero el servicio o producto revolucionador. Los mecanismos de control, como filtros de seguridad, llegan más tarde. El propio Jonas admite que tardó en comprender las implicaciones de sus inventos. Ahí estaba él, creando sistemas de identidad que podían convertirse en pilares de la vigilancia global, y, dice, «honestamente, ¡hace cuatro o cinco años ni siquiera sabía qué significaba la palabra 'privacidad'!»

He aquí el principal peligro que él avizora. Imagínate que recopiladores de datos del gobierno ciernen los detalles de la vida de los ciudadanos, pero no descubren células terroristas. Cabe la posibilidad de que presionen para conseguir más datos, con el argumento de que recolectarlos es asunto de seguridad nacional. Mal manejada o entendida, esta cacería amenaza con registrar hasta nuestra recámara y nuestro botiquín, lo que nos arrebataría la privacidad que aún nos queda. Ello podría implicar a personas inocentes, «positivos falsos», en la vorágine de la recopilación de datos. La estadística, a final de cuentas, apunta sólo a probabilidades, no a la verdad.

El daño podría ser aún mayor. Supongamos que los cazaterroristas, además de que no los encuentran, se topan con otros interesantes modelos en nuestros datos. Tal vez uno de nosotros parezca evasor fiscal. Y otro pertenezca a una red informal de correo electrónico que incluye a pornógrafos. ¿Entonces? ¿Los abogados de la privacidad y los propugnadores de las libertades civiles se atreverán a defender a sospechosos de pedofilia? O imagina que tu contador se dedica adicionalmente a una actividad ilegal, como la de corredor de apuestas. De pronto, dice David Evans, director general de Clairvoyance Corp., compañía de análisis de datos de Pittsburgh, «resulta que te analizan buscando cualquier otro dato que sustente tu relación con el corredor. ¿De dónde procede ese dinero? ¿Hubo retiros en efectivo? Éstas son las estadísticas que podrían usarse para elaborar un caso en tu contra». Por eso, señala Jonas, necesitamos tecnología que proteja nuestra identidad, y medidas que salvaguarden nuestros derechos. «Vamos a necesitar a personas *inteligentes* en la política», dice. Sin una supervisión estricta, nos exponemos a obtener lo peor de ambos mundos: una sociedad vigilada que aun así no nos ofrezca seguridad.

Jonas dice que él no sabía de estos riesgos cuando creó NORA. Luego se dio cuenta de que, una vez compilada en bases de datos, nuestra información podía usarse de diferentes y astutas maneras. Llama a esto «reproyección». Esa tardía toma de conciencia ha convertido a Jeff Jonas en un campeón de la privacidad, y para protegerla, él mismo creó para NORA un sólido complemento. Originalmente lo llamó ANNA, como derivación de «anonimato». Ahora que es propiedad de una corporación, se le ha rebautizado como IBM Anonymous Resolution. Este complemento encripta cada identidad en largas series de letras y números, que se conocen como «enredos unidireccionales». Entonces, gobiernos y compañías pueden buscar relaciones, examinando la lista de pasajeros de un crucero, indagando los embrollos de sospechosos de terrorismo. Este sistema reduce el riesgo de filtración de datos. Más aún, nadie ve los nombres sino hasta que aparece una coincidencia y la compañía recibe una solicitud formal de revelar las identidades. Con el sistema de Jonas, nuestros datos más delicados están a la vista, pero no se acompañan de la identidad de una persona. Sin embargo, mientras algunos Numerati idean planes para protegernos, otros avanzan a toda prisa en la caza de datos de los nuevos aspirantes a terroristas. Es indudable que entre tanto se enterarán de muchas cosas sobre nosotros, más de las que la mayoría estaríamos dispuestos a compartir. «Bien haríamos los tecnólogos en dedicar un poco más de tiempo a pensar en lo que creamos», concluye Jonas.

6

EL PACIENTE

Recuerdo que llevé a mi madre al médico el último año que estuvo con nosotros. Alguien debía acompañarla para anotar las nuevas dosis de las ocho o nueve medicinas que tomaba. Era un poco olvidadiza y estaba débil, demasiado fatigada por cuidar a mi padre —de noventa y cinco años de edad y ciego— como para pensar en ella misma. Su doctor le hizo preguntas.

—¿Le duele aquí?

—Bueno, sí...

—¿Y acá?

—Mmm, sí, un poco.

Él garabateaba las vagas respuestas en su bloc.

—¿Tiene problemas para dormir?

—No.

A ella le dio gusto dar una respuesta sin titubear, pero yo intervine de inmediato:

—Mamá, ¿no te levantaste el otro día a medianoche y te pusiste a preparar chocolate?

—Bueno —admitió entonces—, algunas noches son mejores que otras.

El médico siguió garabateando. Yo ya había iniciado mi investigación para escribir este libro, y recuerdo que me pregunté: «¿Qué clase de datos son éstos?»

Datos miserables, es la respuesta de Eric Dishman. Desde su laboratorio de investigación en Intel, a las afueras de Portland, Oregon, Dishman trabaja afanosamente para remplazar la nebulosa, olvidadiza e ilusa memoria humana por datos actualizados que minuto a minuto proceden de sensores eléctricos. Este antropólogo, de cuarenta años de edad, cabello castaño, cara alargada y una gran sonrisa franca, predica un nuevo enfoque en la atención a la salud, porque considera que las alternativas actuales son insostenibles. «Pedí una licencia sin goce de sueldo para ocuparme de la abuela de mi esposa, que sufrió una caída y murió a consecuencia de ello», me cuenta, mientras cinco integrantes de su equipo y yo saboreamos comida china en una sala de conferencias. «En realidad, murió a causa de los terribles errores médicos que se cometieron. Luego se cayó mi abuelo. No murió, pero tuvimos que internarlo en un asilo de Carolina del Norte. No quiero ser egocéntrico, pero soy un experto de fama mundial en este campo y aun así no pude evitar que eso sucediera. Trabajo en Intel, me gano la vida decentemente. Conozco la tecnología, conozco a todos los directores generales de esta industria, puedo hablar con senadores sobre estos problemas.» Y sin embargo, sus propios familiares fueron víctimas de los desastres en la atención a la salud que precisamente él trata de prevenir. «Perdí a un pariente y nos vimos obligados a recluir al otro en el asilo», continúa. «¿Qué pasa si no hablas inglés, si no cuentas con los servicios que alguien como yo tiene? Es aterrador.»

Dishman espera que, en la próxima generación, muchas personas cuenten con los sensores interconectados que él y su equipo están diseñando y probando. Estos aparatos se ocuparán de mucho más que tomar el pulso y contar las pastillas que se ingieren, que es lo que los aparatos más avanzados de hoy pueden hacer. Dishman piensa que los sensores registrarán y elaborarán modelos estadísticos de casi todos los aspectos de nuestra vida. Rastrearán nuestros trayectos en casa, el ritmo de nuestros pasos. Trazarán diagramas de las vueltas que demos en la cama y de nuestras visitas nocturnas al baño, quizá tomando el tiempo que pasemos ahí. Algunos hasta medirán la pausa que hagamos antes de reconocer la voz que nos llama por teléfono.

¿Acaso viviremos en una sociedad vigilada y además trastornada? ¿Será el fin de nuestra privacidad? Dishman responde que no. Predice que muchos usaremos esos sensores para estar pendientes de nosotros mismos a fin de llevar una vida más sana, feliz y prolongada. En otras palabras, los usaremos por decisión propia. Y terminaremos por probar dicha tecnología, por molesta que pudiera parecer, en los ancianos que amamos, especialmente en aquellos que viven lejos de nosotros. Considera mi caso. Ha transcurrido un año desde que murieron mis padres, y mientras Dishman me da un recorrido por su laboratorio (por cierto, mis padres vivían en Portland, a tan sólo quince kilómetros de aquí) miro los nuevos sensores y pienso: «¡Caray, cómo nos habrían servido!»

He aquí un ejemplo. En aquel chequeo al que fui con mi madre, el médico le pidió que se pesara todos los días y que llevara un registro. Enfatizó que eso era importante porque un aumento drástico en su peso podía indicar que su debilitado corazón no estaba bombeando la sangre adecuadamente. Sin entrar en más detalles, dijo que de no tratarse se le acumularían líquidos en los pulmones y ello podría provocarle la muerte. Esa misma tarde compré una báscula digital. Cuando se la mostré a mi madre, yo sabía que el plan estaba condenado al fracaso, al menos por tres razones: no siempre se iba a acordar de pesarse, le costaría trabajo pisar con fuerza la báscula para activarla y, aunque lo consiguiera, se le dificultaría tomar la lectura en la pantalla, pues hasta yo tenía que entornar los ojos. En suma, el médico necesitaba datos actualizados y mi madre estaba dispuesta a colaborar, pero sus ojos y su memoria —factores esenciales de sensibilidad y registro— no la ayudarían. (En el caso de mi padre, ciego y cada vez más inmóvil, era casi imposible que se pesara.)

Dishman me conduce a una pequeña sección cuyo piso está recubierto de losetas para cocina de color *beige*. Es un prototipo que él llama la «alfombra mágica». Debajo de cada loseta hay telarañas de sensores que registran el peso. Si la cocina de mi madre hubiera estado equipada con esta alfombra mágica, cada vez que entrara a la cocina habría enviado información sobre sus variaciones de peso a través de la ruta inalámbrica desde las losetas hasta su computadora, y de ahí al consultorio médico. Con base en esos datos, el médico no sólo habría podido vigilar su peso, sino que —igualmente importante— habría recibido una señal de alerta si un día ella no hubiera entrado a la cocina. Vale la pena decirlo.

Me imagino que mis padres se habrían reído de la extravagante alfombra mágica de su cocina. Y es que parece como de los Supersónicos. Pero en el último medio siglo, mientras los costos médicos se han disparado, con la electrónica ha ocurrido lo contrario. En la década de los sesenta, cuando mis padres nos criaban, nuestro doctor costeaba llamadas telefónicas a nuestra casa si teníamos catarro y la NASA gastaba millones de dólares en computadoras no más potentes que la del maltratado teléfono celular que traigo en el bolsillo. Para ver cuán drásticamente han cambiado las cosas, diré que, con lo que costaba un solo frasco del medicamento que tomaba mi madre para el corazón —ochenta dólares—, ella habría podido comprar una red inalámbrica para su casa. (Yo la animaba a adquirirla, porque su módem de marcación me sacaba de quicio.) Habría podido remplazar su vieja computadora con lo que se gastaba en un escaneo de resonancia magnética. Antes de que murieran, mis padres desembolsaban unos ciento ochenta dólares por día para recibir servicios de enfermería a domicilio. Por una mínima fracción de su cuenta mensual habrían podido instalar en su casa diversos aparatos y sensores interconectados que registraran sus pasos, mordidas, respiración, palabras y latidos.

Pero, ¿quién habría reparado en ese cúmulo de datos? Mis padres, como muchos de nosotros, tenían grandes dificultades para que los atendieran cuando lanzaban una de las alertas más simples y claras: una llamada telefónica al consultorio médico. Si los doctores tienen tan poco personal que no pueden ni devolver una llamada telefónica, le pregunto a Dishman, ¿cómo van a interpretar todos los datos que reciban de las alfombras mágicas y otros dispositivos? «¡Ésa es precisamente la cuestión!», exclama él. Los médicos están demasiado ocupados. Los aparatos por sí solos no les ayudan gran cosa. Corresponderá a los Numerati analizar minuciosamente las pautas de movimientos y habla, así como las interacciones sociales, y deducir después qué significan. Sólo unas buenas matemáticas podrán cerner esos flujos de datos casi carentes de significado para poder transmitir a los médicos alertas específicas. Esto no será fácil. En un estudio realizado en Oregon, las camas de algunas personas se conectaron a aparatos electrónicos para registrar sus movimientos y peso durante la noche. Los investigadores se quedaron pasmados al descubrir que una mujer subía 3.5 kilogramos entre la hora en que se acostaba y el desayuno. ¿Una peligrosa acumulación de fluidos? ¿Había que llamar a una ambulancia? No. Su perrito saltaba a la cama y dormía con ella. Eliminar de los datos a perros galeses y falderos será labor de los Numerati.

Aun los más simples algoritmos deberán personalizarse. Pongamos por caso a una persona discapacitada. Habría una alerta roja si no se le detecta en la cama, porque quizá se cayó, o está tratando de mantener el equilibrio en un pasillo o batallando con la estufa. En el caso de personas que no están muy enfermas, un indicador de posibles anomalías sería que no se hubieran levantado de la cama a su hora habitual.

Este análisis aún está en pañales. ¿Te acuerdas de cómo era Internet a mediados de los noventa? Bueno, pues ya creábamos datos mientras aprendíamos a enviar mensajes de correo electrónico y a entrar a páginas *web*. Pero tuvieron que pasar varios años para que las compañías devoradoras de datos, como Tacoda, Umbria y Google, supieran cómo analizar nuestros clics, búsquedas y artículos de blogs… y hacer negocio con ellos. Ahora, el trabajo de Dishman consiste en inducirnos a usar sensores. Sólo atrapándonos de esa manera podrá generar corrientes de datos para que los Numerati se den un festín.

Los aparatos no llegarán a nuestras casas sin antes haber pasado pruebas importantes. Deberán ser fáciles de usar, dar un servicio decente y proteger al menos un poco de nuestra privacidad. Si generan confusión y frustración, terminarán arrumbados en el clóset, empolvándose, como la báscula digital que compré. Y si los usuarios temen justificadamente el fisgoneo de mercadólogos, estafadores o compañías de seguros, lo más probable es que de plano los desconecten. Éstos son los retos a que se enfrentarán las firmas de electrónica y *software,* como Intel, Microsoft y Google, que ya están incursionando en el ramo médico.

Dishman considera que es inevitable el salto hacia esos dispositivos médicos. En todo el mundo son altísimos los costos de atención a la salud de las poblaciones que están envejeciendo, sobre todo a medida que la numerosa generación nacida después de la Segunda Guerra Mundial se retira en grandes cantidades. Ello supone un mercado para la automatización, que Dishman vislumbró desde hace mucho tiempo. Trabajó en el desarrollo de esta ciencia en la década de los noventa, cuando formaba parte de una nueva empresa financiada por Paul Allen, el cofundador de Microsoft. Pero la clave para llevar estos aparatos a cientos de millones de hogares radicaba en aprovechar el poder y el alcance de un gigante global de la computación. Dishman llamó a las puertas de todo el mundo tecnológico, explicando que las computadoras caseras se volverían, entre muchas otras cosas, centros domésticos de atención médica. Pero las compañías, dice, temían imprimir un sello geriátrico a sus jóvenes marcas. Finalmente, Intel cedió. En 2001, Dishman lanzó la división de salud en el hogar, sólo con un colega. Dos años después emitieron un comunicado de prensa sobre la predicción del mal de Alzheimer. La reacción de la opinión pública no se hizo esperar. «La encabezaron personas como yo», dice Dishman, «ávidas de contar con tecnología que pudiera hacerse cargo de sus padres ancianos». Desde entonces, esta división, que abrió una sucursal de investigación en Irlanda, ha realizado pruebas en más de mil hogares de veinte países. Dishman dirige en Estados Unidos una organización no lucrativa que promueve la atención a la salud en el hogar y en la cual participan quinientas compañías y universidades.

El impulso al desarrollo de la electrónica va más allá de la cuestión de remplazar a médicos y enfermeras por máquinas, o de usar lectores digitales para compensar nuestra memoria imperfecta. La vigilancia constante transformará ineludiblemente la naturaleza misma de la atención a la salud y nos procurará el tipo de cuidado que históricamente ha estado reservado para los notables, como vicepresidentes con enfermedades cardiacas, multimillonarios y astronautas. Este cambio, dice Dishman, desplazará el enfoque del «después» al «antes», de la cura a la prevención. Si los Numerati lo hacen bien, advertirán modificaciones en nuestras pautas de conducta mucho antes de que nos enfermemos. Conocerán las actividades cotidianas que realizamos cuando estamos sanos, y después, en el momento en que detecten una alteración, sabrán qué nos pasa y empezarán a tratar nuestras dolencias antes de que las tengamos, o por lo menos antes de que las sintamos.

En muchos sentidos, estas promesas de cuidado preventivo se hacen eco de las procedentes de laboratorios genómicos, otro imperio creciente de los Numerati. En universidades y laboratorios farmacéuticos del mundo entero, científicos de la computación y biólogos computacionales diseñan algoritmos para cerner miles de millones de secuencias de genes con el propósito de identificar correlaciones entre ciertos marcadores genéticos y enfermedades. Su meta es ayudarnos a evitar los padecimientos que tenemos más probabilidades de contraer y ofrecer a cada uno de nosotros un botiquín personalizado, el cual debería incluir la dosis correcta y la mezcla ideal de moléculas para nuestro cuerpo. Estas dos ramas de investigación, la genética y la conductual, hoy nos analizan por dentro y por fuera. Incluso comparten un lenguaje similar. En deferencia a los genetistas, Dishman y su equipo trabajan para catalogar lo que llaman nuestros «marcadores conductuales». También las matemáticas trabajan en ese sentido. Sea en hebras de ADN o visitas nocturnas al baño, los estadísticos buscan normas, correlaciones y anomalías. Dishman prefiere su método conductual, en parte porque este mercado está menos saturado. «Millones siguen a la biología», dice, «pero muy pocos prestan atención a la conducta». Sus aparatos también tienen la ventaja de lanzar alertas básicas desde el primer día. La tecnología que indica si una persona ha abandonado su cama, por ejemplo, no es mucho más complicada que el sensor que abre automáticamente la puerta de un supermercado. Pero esa pizca de información es valiosa. Una vez que comencemos a instalar los sensores, y que las compañías electrónicas metan el pie en nuestra puerta, los expertos podrán empezar a refinar el análisis tanto de alertas simples como de predicciones sofisticadas, a fin de prevenirnos, quizá, de la aparición del mal de Parkinson o el mal de Alzheimer.

De pie sobre su alfombra mágica, Dishman me muestra lo lejos que los Numerati médicos podrían llegar si se asomaran a nuestra vida y analizaran tan sólo nuestros pasos para ir por un tentempié a medianoche o a lavar los trastes. Da un par de pasos rápidos sobre las losetas. A su espalda, un monitor exhibe la distribución de su peso con un rastro de puntos azules y rojos. «Ahora estoy poniendo más presión en este pie», se ladea cuando lo dice. «Esto podría indicar que cojeo», lo cual, a su vez, podría significar que ha sufrido una caída, o que hay que cortarle las uñas de los pies. (Parecerá ridículo, pero los gerontólogos vigilan mucho el cuidado de las uñas de los pies. Las uñas sin cortar podrían indicar otros problemas, desde inmovilidad y depresión hasta aparición del mal de Alzheimer. Además, los problemas en las uñas podrían provocar caídas, uno de los principales riesgos para los ancianos y tema prioritario para el equipo de Dishman, quien asegura que, en Estados Unidos, las caídas representan un desembolso anual de cien mil millones de dólares en gastos médicos.) Dishman salta de las losetas y me invita a probar yo. Ahí voy. Las siento un poco movedizas, más como cartón que como linóleo normal. (Me pregunto si habrían absorbido los huevos rotos y el chocolate derramado que eran comunes en la cocina de mis padres.) El monitor muestra lo que Dishman llama mi balanceo corporal. Parece un árbol de Navidad azul. Se inclina a la derecha y rápidamente hace un ajuste. Si yo fuera un anciano, cuando probara la alfombra mágica el sistema registraría ese modelo de árbol de Navidad y lo establecería como mi «línea base de balanceo». Si ese modelo cambiara, señala Dishman, podría deberse a pérdida de masa muscular o al efecto secundario de una medicina. «Estos datos se pueden capturar en cualquier momento, y pronto empiezan a revelar excelente información sobre tendencias», agrega. «Cada ocasión en que mamá camine será comparada estadísticamente con todas las otras en que ha caminado.» Luego exclama: «¡Vaya! Papá tropieza más, sobre todo en la mañana. ¿Por qué? ¿Porque el efecto de un medicamento que toma en la noche no le dura hasta la mañana? ¿O es el principio de una enfermedad cognitiva?»

La máquina no podrá responder a estas preguntas de diagnóstico, al menos no en el futuro cercano. Simplemente emitirá alertas cuando detecte cambios en los modelos y quizá inste al usuario a visitar al médico. A los doctores y enfermeras les corresponderá dar seguimiento a ello, determinar por qué alguien cojea o se balancea de modo diferente en el fregadero. No obstante, con el tiempo estos sistemas tendrán tanta retroalimentacion de miles de usuarios que deberían ser capaces de indicar, ya sea a médicos o pacientes, la causa más probable. De esta manera, trabajarán como los sistemas de recomendaciones de Netflix o Amazon.com, que conducen a la gente a libros o películas que son populares entre los clientes con modelos semejantes. (Amazon y Netflix, desde luego, no siempre lo hacen bien, como tampoco lo hará el análisis de la alfombra mágica, el cual dará sugerencias sobre las causas estadísticamente probables a quien esté al cuidado del enfermo.)

El equipo de Dishman ha instalado alfombras mágicas en casas de personas que padecen trastornos neurológicos o que han sufrido caídas. Aunque Dishman se ha concentrado en la cocina, le gustaría extender las losetas a los pasillos, donde podrían recopilarse más datos de pasos. También prueba otras dos herramientas tecnológicas: una cámara que vigila todo el cuerpo y un sensor portátil enganchable, de unos 2.5 centímetros de ancho, que capta toda clase de datos sobre movimientos y postura corporal. Dishman comenta que tal vez la alfombra mágica podría enviar los datos directamente al usuario y fungir como un asesor de salud. Agrega que, trabajando en coordinación con la computadora de casa, las losetas podrán «guiarnos literalmente para hacer ejercicios». Y al mismo tiempo que eso suceda, la máquina —desde luego— seguirá recopilando datos. Si el paciente se coloca un sensor portátil, éste podría registrar el ritmo cardiaco y personalizar el ejercicio, justo como lo hace un StairMaster en el gimnasio. (No me imagino a mi madre haciendo esto en sus últimos años. Pero quizá una persona más dinámica de ochenta y tantos años no dejaría de hacer el intento.)

Matthai Philipose, de treinta y cuatro años, es uno de los *quants* de los laboratorios de Intel en Seattle. Él y su equipo desmenuzan los datos de Dishman. Lo llamo por teléfono y le pregunto cómo usa la estadística para inferir nuestra salud y conducta a partir de pisadas en un suelo de cocina. ¿Qué tan lejos estamos de que una máquina nos dirija espontáneamente para hacer ejercicio? Se ríe. «Hace tres o cuatro años, estas herramientas no existían», dice. Para llegar a los análisis sofisticados de los que hablo, tendrán que relacionar una gran cantidad de pequeñas observaciones, cada una con su propia gama de probabilidades. En ello trabaja el equipo de Dishman ahora. Comencemos, por ejemplo, con un cepillo de dientes. En diversos experimentos, el equipo de Intel ha conectado cepillos dentales con aparatos electrónicos mediante etiquetas de radiofrecuencia. Éstas emiten una alerta cada vez que el cepillo se mueve. ¿El grupo de Philipose puede inferir que cada vez que se mueve alguien se está lavando los dientes? No necesariamente. Alguien podría mover el cepillo al limpiar el lavabo. De manera que los estadísticos crean una gráfica del movimiento del cepillo de dientes. Digamos que perciben mucha actividad en la mañana y en la noche. Sumados, ambos periodos podrían representar 90 por ciento del movimiento del cepillo. Con base en esto, los estadísticos pueden calcular una probabilidad de 90 por ciento de que el movimiento del cepillo se debe a que alguien se está lavando los dientes. (Podrían factorizar variables de tiempo, pero la complejidad es más que suficiente, como veremos.) Luego pasan a la escoba y la tetera, y hacen los mismos planteamientos. La idea es producir un modelo estadístico de cada uno de nosotros que, a partir de una serie de observaciones, determine lo que es más probable que estemos haciendo.

El cepillo de dientes fue fácil, porque por lo general le damos un solo uso. Pero considera la tetera. ¿Cuál es la probabilidad de que la usemos para preparar té? Tal vez una persona la utilice para hacer sopa instantánea (más nutritiva que el té, pero peligrosamente salada para personas como mi madre). ¿Cómo puede dar con una probabilidad el equipo de Intel? Una forma consistiría, por supuesto, en encuestar a miles de hogares y preguntar a la gente qué hace con su tetera. Implicaría mucho trabajo. Philipose prefiere un método más sencillo.

«Entra a Google», dice, «y teclea 'hacer té'. ¿Cuántas páginas aparecen?» (Hago la consulta: doscientas sesenta y un mil.) «Después haz otra búsqueda, añadiendo la palabra 'tetera'.» (Esta vez son veintinueve mil quinientas.) Eso brinda a los científicos un modelo condicional preliminar según el cual, de los actos asociados a «hacer té», poco más de uno de cada nueve implican teteras. Como muchos otros supuestos estadísticos, éste comienza con una estimación burda. Pero es una manera de poblar una tabla estadística monstruosamente grande que encuentre la conducta más probable en miles de escenarios. Conforme lleguen nuevas observaciones de los sensores, la máquina sola podrá ajustar y refinar las cifras. «Autosuficiencia» es la palabra que le da Philipose a esa variedad de aprendizaje máquina. «Este tipo de modelos son tan buenos que pueden volverse autosuficientes», dice. Cuando así sea, harán conjeturas cada vez mejores sobre lo que hacemos minuto a minuto.

En estas etapas iniciales, dice Philipose, el equipo de Intel produce modelos estadísticos en torno a tres grupos de observaciones: hábitos de mañana y antes de dormir, movimientos por la casa y alimentación. Con estos modelos, el equipo puede empezar a adaptar los mismos métodos estadísticos que emplean los Numerati para buscar correlaciones entre compradores. En este caso, ¿las personas que usan la tetera o el horno de microondas a la hora de la comida tienen altos niveles de sodio en la sangre? ¿Qué le ocurre a una persona que con mayor frecuencia olvida lavarse los dientes y camina con pasos más lentos por la casa? Los números de Philipose no lo dirán todo por sí solos, al menos en esta etapa, pero deberían dirigir a médicos y enfermeras hacia las personas que probablemente necesitan ayuda.

Imagina a una pareja de ancianos. El esposo habla. La esposa pregunta: «¿Qué?» Él repite. Ella sigue sin entender, por lo que cruza la habitación y acerca su oído a su esposo; lo que finalmente escucha es: «Ve a que te revisen los oídos». Lo hace, pero resulta que su audición no es el problema, sino que su esposo habla más bajo, quizá a consecuencia del mal de Parkinson. (Para cuando su voz ha bajado tanto, la enfermedad ya está muy avanzada.) Ésta es un área de investigación clave, porque los signos del mal de Parkinson pueden manifestarse en la voz y los movimientos desde diez años antes de que sea diagnosticado. El tratamiento oportuno, con ejercicios y medicinas, podría retrasar su aparición y reducir su impacto. Dishman me dice que los especialistas que estudian los antiguos programas de televisión del actor Michael J. Fox han detectado en él la aparición del mal de Parkinson, y esos programas fueron grabados años antes de que Fox supiera que lo tenía. Mientras se le desarrollaba la enfermedad, se aprecia que sus pasos se acortan y le cambia el modelo de voz.

Muy pocos hemos hecho videos semanales de media hora de duración en los últimos veinte años, los cuales registren cambios en nuestra voz y gestos. Pero con la tecnología actual, estamos en condiciones de dirigir las cámaras, y docenas de sensores más, hacia nosotros mismos, y algunos empezaremos a hacerlo. Piensa en todas las personas que llenan su dieta de antioxidantes anticancerígenos y en quienes tratan de evitar enfermedades cardiacas (aunque se arriesgan a contraer una pulmonía) corriendo sin cesar sobre la nieve fangosa del invierno. Muchos estamos más que dispuestos a emprender acciones enérgicas para alargar nuestra vida. Así que es natural que al menos algunos probemos ciertos sensores y enviemos los datos a los consultores de los Numerati. Debo señalar que quienquiera que ofrezca estos servicios predictivos en los próximos años probablemente será un charlatán, pues en la mayoría de las enfermedades aún no se han establecido modelos de conducta. Sin embargo, una vez que los analistas acumulen datos de una o dos décadas, advertirán la aparición de enfermedades con suficiente anticipación.

Es indudable que esta capacidad de predicción planteará muchos problemas sociales y económicos. ¿A quienes nos resistamos a usar sensores nos considerarán imprudentes, como a quienes ahora pasan años sin hacerse un chequeo médico? ¿Los gobiernos exigirán tener en sus manos cierto grado de información electrónica? ¿Las compañías de seguros tratarán a sus clientes no vigilados como de alto riesgo, y les negarán cobertura o impondrán las mismas tasas escandalosas que hoy cobran a conductores adolescentes o ebrios? Estos problemas no han surgido porque la ciencia está en una etapa temprana. Pero el equipo de Dishman y otros del mundo entero están avanzando decididamente todos los días.

Por ahora, algunas de sus labores más útiles se centran en ayudar a la gente que ya lucha con enfermedades como el mal de Parkinson. En estos casos, dice Dishman, el flujo de datos puede ayudar a los médicos a mejorar sus recetas. La práctica acostumbrada en muchos hospitales es examinar a los pacientes una vez al año, en una sesión que dura entre quince minutos y media hora, y darles recetas basadas en los datos que obtienen en ese breve periodo. Esta práctica es especialmente inadecuada para personas con mal de Parkinson, cuyos síntomas cambian mucho aun en el curso de un solo día. «Es una inyección que se pone una vez al año a oscuras», comenta Dishman. «Piensa en ello. Llegas manejando, encuentras un lugar para estacionarte. Quizá traes la presión arterial por las nubes. Luego entras a ese ambiente artificial donde te aplican una serie de pruebas de diagnóstico. Y lo peor de todo es que si tienes un día muy malo, te van a aumentar el levodopa, el medicamento para el mal de Parkinson, que tiene un montón de efectos secundarios.»

En experimentos clínicos, Intel instaló cinco pruebas de Parkinson en la casa de personas que tienen este padecimiento. Algunas de esas pruebas son conocidas por los pacientes. Una de ellas consiste en apretar dos teclas como de piano lo más rápido posible; otra, en meter unas fichas rojas y verdes en hoyos muy pequeños. Tradicionalmente, con un cronómetro una enfermera toma el tiempo que tardan los temblorosos dedos en terminar el trabajo. La versión de Intel lo hace electrónicamente, e incluso advierte las pautas que se forman mientras la persona arrastra la mano sobre la superficie de la caja buscando el hoyo. Otro dispositivo, parecido a un reloj, mide segundo a segundo el temblor del brazo. En esta etapa temprana, Intel se limita a reunir los datos. Pero en la siguiente, señala Dishman, «se cerrará el círculo», pues el médico contará con esos datos y podrá recetar todos los días. Dishman predice que, con el tiempo, las computadoras establecerán modelos de conducta y elaborarán recetas, primero como sugerencias al médico y luego directamente al paciente.

Mientras los aparatos de Dishman miden la conducta desde fuera de nuestro cuerpo, otros investigadores se ocupan de desarrollar sensores que registren cambios internos. Equipos de investigadores del Instituto Koch del Cáncer, del Instituto Tecnológico de Massachusetts (MIT), están probando en ratones nanosensores implantables. Están hechos a una escala tan infinitesimal que resulta difícil imaginarlos. Uno de los componentes de esos sensores, un grupo de moléculas en forma de cono llamado nanotubo de carbono, es tan pequeño como lo es un balón de futbol americano en comparación con la Tierra. Tyler Jacks, director del Instituto Koch, dice que esos sensores pueden detectar en la sangre sustancias químicas que indican el crecimiento de un tumor. Esta tecnología podría significar que quienes sobrevivan al cáncer no tengan que esperar nerviosamente sus chequeos anuales para saber si el cáncer hizo metástasis (a menudo en una etapa en que no se puede tratar). En cambio, recibirán radioalertas inmediatas, quizá directamente en su teléfono celular. Los médicos podrán combatir entonces el tumor que nace. Jacks prevé que, a la larga, todos portaremos una gran cantidad de sensores microscópicos para medir cualquier tipo de afecciones y alertarnos de problemas predecibles. Para que esto funcione, los Numerati tendrán que desarrollar normas estadísticas de cientos de nuestros modelos biológicos, desde niveles de sodio y azúcar hasta conteo de glóbulos rojos y producción de proteínas. Éstas serán nuestras líneas base, como el árbol de Navidad inclinado que se formó cuando me paré sobre la alfombra mágica. El desarrollo de modelos más precisos será particularmente importante cuando los médicos lleguen al siguiente paso: el tratamiento automático. «La siguiente generación de dispositivos médicos implantados», dice Jacks, «sabrá qué tratamiento necesitas y te lo dará». Anticipa que este botiquín micromédico incluirá una farmacia de «bombas inteligentes», nanopartículas que podrán ser despachadas para realizar trabajo de precisión, como un ataque a células cancerosas. Todo esto parece promisorio, pero, como cabría esperar, los nuevos sensores y medicamentos tendrán que abrirse paso a lo largo de años de desarrollo, pruebas y autorizaciones normativas antes de que obren su magia en nosotros. Algunos animales, sin embargo, no tendrán que esperar tanto.

«Dicen que esto no es una invasión», comenta Dan Andresen, «pero yo me sentiría invadido si alguien metiera un kit de herramientas en mi estómago». Se refiere a Norman, un buey de color pardo al que le han colocado una especie de *frisbee* blanco de plástico en el flanco izquierdo. En realidad se trata de una puerta, una fístula, que se abre sobre el segundo de sus cuatro estómagos. Se le puso quirúrgicamente cuando Norman se convirtió en una gran rata de laboratorio de tres cuartos de tonelada en esta granja de investigación de la Universidad Estatal de Kansas. Las vacas fistuladas son comunes en el sector ganadero, pues agricultores e investigadores deben vigilar el funcionamiento del aparato digestivo. Pero lo que pasa por la puerta de Norman es de lo más inusual.

Más tarde, en esta mañana de primavera, uno de los alumnos de posgrado de Andresen irá al corral de Norman, abrirá la puerta del buey y le introducirá un paquete negro de plástico, del tamaño de una pelota de tenis, entre los agitados galones de alfalfa a medio digerir. El paquete contiene un tablero de circuitos con tecnología de todo tipo. Posee sensores para medir la temperatura y la presión dentro del animal. Cuenta con una unidad de localización global para rastrear los pasos de Norman en el improbable caso de que escapara de su pequeño corral y bajara por la colina y el campus hasta las sombreadas calles de los suburbios de Manhattan, Kansas. El kit de herramientas de Norman incluye un transmisor inalámbrico con una pequeña antena, y un chip de memoria lo bastante grande para registrar los movimientos y funciones corporales del animal. Gran parte de esta tecnología está aún en proceso de ajuste. Pero un día, cuando Norman se dirija al abrevadero, de su estómago volarán datos a un receptor inalámbrico, que los enviará inmediata y directamente a la computadora de Andresen.

Dan Andresen, profesor de ciencias de la computación en la Universidad Estatal de Kansas, creció en un rancho ganadero en el este de Nebraska. Hace una década, Andresen comió con Steve Warren, profesor de ingeniería de *software,* que también pasó su niñez junto a la vacas. Warren se había dirigido a Kansas desde el Laboratorio Nacional Sandia de Nuevo México, donde había trabajado en dispositivos de salud que la gente podía sujetarse al brazo o al pecho. Pero resultó que la gente no era el mejor sujeto de prueba. Los dispositivos eran por entonces mucho más pesados. Y los seres humanos solían usar su avanzado cerebro y libertad para quitárselos. Lo que Andresen y Warren necesitaban era una población más mansa y maleable. Dieron con la solución antes siquiera de pagar sus sándwiches.

Juntos crearían una red de cómputo tan vasta como las Grandes Llanuras. Se extendería desde los resecos pastizales de Kansas y los comederos de Nebraska y Texas hasta los mataderos en Iowa y Minnesota. Esta red no sólo rastrearía la salud y los movimientos de las vacas, sino que también estaría implantada en cada animal, quizá en paquetes detrás de su cabeza o metida en bolas que pudieran tragar. Finalmente, Warren y Andresen planearon a la larga poner computadoras inalámbricas en medio millón de vacas en Kansas, estado en el que siete millones de vacas superan numéricamente a las personas en una proporción de casi tres a uno. Esto produciría incalculables cantidades de datos sobre las vacas. Latidos, meneos de cabeza, masticaciones, siestas a la sombra de un árbol, tragos de agua. Si recopilamos los datos veinticuatro horas al día, siete días a la semana, y los multiplicamos por medio millón, crearíamos el más tedioso *reality show* en la historia de la ganadería. Pero a lo mejor los modelos de esos datos, analizados matemáticamente, podrían revelar cosas interesantes. Quizá advertirían fluctuaciones en la temperatura que las vacas presentarían antes de enfermarse, o anticiparían una epidemia. La clave era ésta: en vez de que de los veterinarios revisaran a las vacas cada determinado número de meses, las computadoras lo harían a cada minuto.

Ambos profesores redactaron una solicitud de subvención y recibieron financiamiento de la Fundación Nacional para las Ciencias. Después de los ataques terroristas de 2001, aumentó el interés en ese proyecto. Rastreando a cada animal desde el nacimiento hasta el matadero, e incluso siguiendo sus partes y subproductos subsecuentes al ser transportados y vendidos, las autoridades darían un gran paso en la protección del suministro alimenticio de Estados Unidos. En cierto sentido, conectar las vacas a dispositivos electrónicos equivaldría a equipar a cada animal con una máquina de registro, como las cajas negras de los aviones. Si un comensal en un restaurante de cualquier parte del mundo prueba carne de res estadounidense y se enferma, el rastro de la información podría ayudar a las autoridades a adjudicar el problema no sólo a cierta región o comedero, sino también a una vaca en particular. Podría verse que cierto día, mientras la vaca pacía en una llanura determinada de Kansas, sus signos vitales cambiaron en forma abrupta. Este tipo de detalles podrían contribuir a resolver el misterio.

¿No es extraño —pregunto a Andresen mientras regresamos del corral de Norman— que estemos trabajando en vigilar la salud de las vacas antes de ocuparnos de la gente?

«A las vacas no les importa su privacidad», contesta Andresen. Lleva un sombrero café de las llanuras para proteger del sol su blanco rostro, que dice que se quema fácilmente. Y lleva puestos calcetines bajo las sandalias, como lo hacen los europeos del norte. «Y si les importa», añade, «no lo dicen».

Pero aunque a las reces como Norman les preocupara la privacidad, ¿sería insensato de su parte sacrificar un poco de ella para recibir supervisión médica? Piensa en ti mismo. Si la industria médica diera con un sistema como el de Andresen —que no implicara ponerte una puerta en el estómago—, ¿lo usarías? Nos haremos preguntas como ésta cuando sensores, computadoras y redes inalámbricas se vuelvan más eficaces y baratos. Te dirán que te olvides de las demás personas, porque podrán crear un servicio justo para ti, siempre y cuando aportes tus datos.

Las aseguradoras de automóviles ya pueden hacer algo similar. En Gran Bretaña, Norwich Union ofrece tarifas especiales a conductores que acepten colocar en su auto una caja negra llena de instrumentos de registro. De este modo, la compañía puede vigilar cómo maneja una persona y ofrecer descuentos adicionales a quienes lo hacen a baja velocidad y evitan transitar por calles y zonas de alto riesgo. En otras palabras, las aseguradoras analizan no sólo los perfiles o registros de los conductores, sino también su conducta.

Esto ya sucede también, en forma rudimentaria, en los seguros de salud. Por ejemplo, los fumadores pagan primas más altas. Pero imagina cuánto más sofisticado sería este modelo si nos colocaran sensores. Surgirían nuevos mercados de seguros, alimentados por las fluctuantes señales procedentes de nuestro cuerpo. En este mundo, comprar un seguro de salud sería como tener una hipoteca: acepta una tasa fija, y la compañía te asegurará pase lo que pase. Pero eso costaría una fortuna. Por primas más bajas, podrías elegir una tasa variable, con primas que suban y bajen junto con tu riesgo de salud. Quienes juegan astutamente con estos números llegan a la cumbre en la medicina y reproducen su éxito en las finanzas. Son maestros de los datos. El resto de nosotros respaldamos sus victorias.

Ya me imagino llamando furioso a la línea de atención a clientes luego de ver en la factura del seguro que la tasa aumentó unos dólares a pesar de que mi colesterol se redujo notablemente. «Pero su alcohol en la sangre rebasó la norma seis veces», me contestaría una voz desde algún país lejano, mientras argumento en vano que el vino tinto forma parte de mi alimentación.

Estamos sentados ante una mesa en el laboratorio de computación de Andresen, atiborrado de piezas, circuitos y luces intermitentes. Andresen, con el sombrero colgado en el cuello, se acerca al pizarrón blanco y me habla de un tipo de res conocido como «corte oscuro». Es un problema. En algún momento —nadie sabe cómo ni cuándo—, los cortes oscuros debieron experimentar algún trauma, porque su carne es azulosa en vez de roja. Es como si se les hubiera vaciado la sangre. Por lo tanto, no darán T-bones, costillas ni exquisitos filetes miñón. Sólo queda moler a los cortes oscuros para convertirlos en hamburguesas baratas. Cada animal de ésos es dinero perdido.

Ahora imaginemos que, al cabo de unos años, Andresen, Warren y su equipo han formado satisfactoriamente su red de ganado. Inevitablemente, una porción serán cortes oscuros. Los investigadores tendrán a la mano el registro de vida de cada una de las reses, cada meneo de su cabeza, cada siesta a la sombra. Podrán verter estos datos en sus computadoras y buscar modelos. ¿Los cortes oscuros tienen algo en común? ¿Sufrieron sacudidas o se enfriaron demasiado en el viaje al comedero? ¿Duermen menos que los demás o comen a un ritmo diferente? Aunque en este momento todas son conjeturas, lo que se descubra podría conducir a ajustes en la forma de criar o transportar al ganado. Quizá ciertas prácticas transmitidas por generaciones de vaqueros tendrán que desecharse y remplazarse por ciencia.

¿Y si los datos mostraran que, desde que eran becerros, los cortes oscuros se comportaban de manera diferente? Los investigadores podrían convertir este conocimiento en una herramienta predictiva, lo cual les daría el perfil de conducta, asentado en matemáticas, de un corte oscuro. De igual manera, cada becerro podría ser clasificado según la probabilidad de que produzca carne mala, en cuyo caso, ¿los ganaderos reducirían sus pérdidas sacrificando de inmediato a los becerros de alto riesgo?

Estas cuestiones están a años de distancia, al menos para las vacas de Kansas. Formar una red de ganado es una labor muy complicada, como lo es conseguir que todos los sensores funcionen en sincronía, además de que cada uno representa un reto. El latido, por ejemplo, es difícil de distinguir de los ruidosos fluidos y gases que están activos dentro del animal. Las radioseñales no salen fácilmente de las gruesas paredes de las reses. Las baterías se acaban. Después están los enigmas de la conexión en red. ¿Cómo se puede actualizar el *software* en un millar de cabezas de ganado, o protegerlas de *hackers*? Con todo, éstos son problemas técnicos, como muchos que los ingenieros vencieron en la industria de los teléfonos celulares. Si la ganancia económica es suficientemente grande, los resolverán.

Y cuando así sea, la atención pasará ineludiblemente a la implantación de dispositivos en nosotros. Sin duda esto interesará a los gobiernos que desean reducir el gasto de atención a la salud. Algunas compañías electrónicas, como atestigua Eric Dishman, verán la vigilancia de la salud como un gran mercado y se les hará agua la boca. En cuanto a las aseguradoras, cuanta más información tengan de nosotros, mejor podrán calcular el riesgo y crear muchos nuevos servicios personalizados. Juntas formarán una poderosa coalición. ¿Quién sabe? Dados los posibles beneficios de salud, muchos de nosotros podríamos aplaudir.

Guardado en alguna parte de las inmensas computadoras de Microsoft está el puñado de mensajes de correo electrónico que mi madre envió a mi cuenta de Hotmail a lo largo de los años. Me mandaba un promedio de tres a la semana. Un historiador o un sociólgo podría examinarlos y estudiar las pautas de una pareja estadounidense de principios de este siglo que marchaba resueltamente hacia una edad muy avanzada. Esos correos informan acerca de las cenas de los jueves con los nietos y los paseos del perro bajo la lluvia. Mi madre escribía sobre sus actividades en la sacristía y sobre las cartas más recientes de mi padre al director del *Oregonian,* en las que condenaba el trato dado a los prisioneros en

Guantánamo. En un par de mensajes relató que había tomado un taxi a un centro de salud en Portland, donde mi padre y ella participaron en un estudio sobre cognición y envejecimiento o, como ella decía, senilidad.

Ahora me encuentro en el Centro de Envejecimiento y Tecnología de Oregon (Orcatech, por sus siglas en inglés), una enorme y avanzada institución de la salud que se ubica a orillas del río Willamette. Ahí, una gran cantidad de ancianos de Portland hacen ejercicio en largas hileras de caminadoras. Una cafetería en el espacioso y soleado *lobby* vende café con leche caro. Afuera, un reluciente teleférico transporta a doctores y pacientes a un complejo de hospitales situado en la cima de una colina. Aquí es donde mis padres vinieron a poner sus cerebros a disposición de la ciencia. Me doy cuenta, mientras hablo con los investigadores, de que en el futuro los ancianos podrán ahorrarse el viaje en taxi. Con la difusión de sensores, el laboratorio cognitivo se trasladará a nuestras casas, donde analistas supervisarán el funcionamiento de nuestro cerebro rastreando las pautas de nuestas actividades diarias. Casi todo lo que hacemos —si se estudia con detalle— ofrece un destello del interior de nuestra cabeza. Oigo a los investigadores decir esto constantemente. Ya sea que hablen de cambios en el modelo de pasos en la alfombra mágica o de la adhesión a un régimen farmacéutico, añaden: «Esto también nos dará una buena referencia cognitiva». Es como una venta al dos por uno. Prueba cualquier cosa y obtendrás resultados de tu cerebro como regalo. En este tipo de análisis, a una larga cadena de correos electrónicos, del tipo que mi madre me enviaba, se le consideraría la Muestra A.

¿Cómo correlacionan los analistas pisadas irregulares y errores de tecleo con demencia? La investigación comienza en el laboratorio, sin sensores. Misha Pavel, matemático nacido en Checoslovaquia, explica cómo aplica a ancianos una serie de ejercicios en un periodo de tiempo para medir su memoria. Para cada persona, elabora un modelo de memoria operante. Como una gráfica actuarial, ésta predice la «supervivencia» de cada pieza de información. En algunos casos, las líneas son muy horizontales e indican que la memoria se mantiene. En otros, hay curvas notorias. Si cada hecho olvidado se considera una muerte, como lo hace Pavel, algunas de estas personas alojan una verdadera mortandad. «Tratamos de evaluar la probabilidad de que un elemento se pierda», dice. «¿Eso está en función del tiempo o de otros factores?» En la mayoría de los casos, agrega, los nuevos sucesos eliminan nuestros recuerdos, como si cada persona tuviera un espacio limitado de almacenamiento, lo que él llama una «defensa de memoria». Naturalmente, hay que preocuparse por las personas cuyas defensas disminuyen. Una vez que Pavel recaba datos sobre la memoria, el siguiente paso es estudiar los demás aspectos de la vida de esas personas —clics con el ratón, selección de palabras, pautas de sueño— y establecer correlaciones con lo que tiene lugar dentro de su cabeza. El trabajo apenas comienza, pero estudiar las cosas que escriben es un punto de partida natural.

Durante siglos, la gente ha escudriñado cartas para hacerse una imagen de sus seres queridos. Cuando la letra se deterioraba y surgían incoherencias, tenía motivos para preocuparse. Yo me inquieté cuando vi que los mensajes electrónicos de mi madre se abreviaban y escaseaban. Y cuando empecé a ver errores de dedo en los mensajes de aquella antigua secretaria jurídica, me alarmé. Pero el proceso ya estaba muy avanzado; faltaban uno o dos años para que mi madre muriera. ¿Un riguroso análisis estadístico de sus modelos de tecleo, estructura gramatical y selección de vocabulario habría podido identificar problemas con años de anticipación? La detección oportuna permite a los médicos prescribir rápidamente medicinas y terapias para impedir o retardar el deterioro. Dishman trabaja en una gran cantidad de herramientas tecnológicas para ayudar a quienes sufren del mal de Alzheimer. Una de ellas es un apuntador telefónico. Cuando llama un amigo o un familiar, su fotografía y su nombre aparecen en una pantalla, acompañados de otros datos, por ejemplo, la última vez que esa persona llamó.

Entro en la casa piloto del laboratorio de Orcatech. Está llena de aparatos que se prueban en los hogares de muchos ancianos de Portland. En una esquina hay una cama con sensores electrónicos, como aquella a la que saltaba el perrito. En el suelo está un bastón que en la parte inferior tiene un dispositivo con forma de caja; lo diseñaron para medir cuánto se inclina sobre él su usuario, lo que ayudaría a detectar un posible debilitamiento de sus piernas. Entre todos estos artilugios hay dos computadoras, que concibo como el cerebro y un sistema nervioso por separado. Una de las computadoras está oculta en un clóset. Recibe las señales inalámbricas de los sensores que hay en la casa y las retransmite a Orcatech. La otra PC está a la vista. Cuenta con numerosos juegos y los programas estándar de procesamiento de texto y correo electrónico. La interacción con la computadora, los teclazos y los clics con el ratón emiten detalles sobre tendencias cognitivas. Los investigadores están aún en las etapas preliminares, intentando crear una línea base para cada usuario. Pero en un par de años, dice Pavel, «vamos a medir la velocidad motriz, las interacciones con el teclado y la complejidad de las palabras que generan».

Un ejemplo de este análisis es un estudio de los textos de la laureada novelista británica Iris Murdoch, quien murió de mal de Alzheimer en 1999. Murdoch dejó décadas de manuscritos, un tesoro para los investigadores cognitivos, en el University College London. Esos investigadores estudiaron su selección de vocabulario en diferentes momentos de su larga carrera y descubrieron que en su última novela, *El dilema de Jackson,* publicada en 1995, ella usó un vocabulario más simple y menos variado que en obras anteriores. De hecho, vieron que su lenguaje seguía una parábola, pues desde su primera novela, *Bajo la red,* se fue haciendo más complejo hasta llegar a un libro que escribió en la cumbre de su carrera, *El mar, el mar,* a partir del cual fue simplificándose. Lo alarmante (al menos desde mi perspectiva) es que, con el análisis estadístico avanzado de diferentes textos, desde artículos de blogs hasta mensajes electrónicos, los investigadores (y las empresas) podrán detectar la tendencia descendente de nuestras habilidades cognitivas mucho antes de que nosotros podamos sospecharlas siquiera.

El equipo de Eric Dishman busca pistas similares en el habla y las interacciones sociales. En trescientos hogares de Oregon, reconstruye modelos de relaciones de personas. ¿Qué tan seguido hacen llamadas telefónicas, y a cuántos individuos? ¿Qué tan a menudo las visitan sus amigos? Convierten esos datos en un puntaje para cada individuo, llamado «índice de salud social». Si los índices bajan, ello indica algún cambio, quizá signifique la agudización de la demencia. También se prueban las reacciones de un sujeto a voces conocidas en el teléfono. En general, la gente reconoce al instante la voz de amigos y parientes cercanos. Si antes de que la reconozca hay una pausa que con el tiempo se hace más prolongada, es necesario detectarla. «Analizamos milisegundos de diferencia», dice Dishman. «Esto podría ser una alerta de que hay algún problema.»

Este análisis se puede volver más complejo. Imagina que eres uno de los sujetos de estudio de Dishman. Estás viendo un partido de basquetbol en la televisión, entre Dallas y San Antonio, y hay tiempo extra. Tony Parker avanza por la cancha, le cometen una falta y en eso suena el teléfono. Contestas.

—¿Bueno?

—Hola.

Es la sexta falta de Nowitzki, que le gritonea al árbitro.

—¿BUENO? —dice la voz de tu hermana en el teléfono.

—¿Quién habla? —preguntas, abstraído, viendo la repetición.

—Soy yo, tonto…

Aparte de tempranos signos de demencia, muchas cosas pueden interferir en nuestros procesos mentales. Nos distraen la música, el enojo y la somnolencia, tanto como una buena copa. Con el tiempo, los científicos de la conducta intentarán incorporar esos factores a sus modelos. La única manera de lograrlo, como puedes suponer, es conociéndonos mejor.

Dishman trabaja en un aparato que lleva esto al extremo. Es un dispositivo portátil que ayuda a la gente a combatir sus arranques de enojo hiperagresivo. Consta de un sensor cardiaco conectado a un teléfono celular adaptado. El usuario, dice Dishman, comienza por llenar un formulario electrónico en el que anota «lo que más lo estresa». Su jefe podría ser uno de los elementos de esa lista. Luego anota los lugares que le producen estrés. «Podría relajarse en la piscina», dice Dishman, «pero estresarse en Intel». Por último, el usuario proporciona su agenda electrónica. Al combinar todo esto con los datos de localización del teléfono celular, las piezas clave están en su sitio: dónde está la persona, con quién y qué va a hacer. Así, si el corazón empieza a acelerarse, señala Dishman, «el sistema puede revisar la agenda y decir: '¡Dios mío!, ésa es una reunión estresante, porque Kevin está en la habitación. ¡Tenemos que sacarlo de ahí!'». Y en ese momento suena el teléfono. El usuario contesta y la computadora lo insta, anticipándose al peor escenario, a salir del lugar. Le hace preguntas —«¿Tienes apretada la mandíbula? ¿Los puños?»— y le recomienda respirar lentamente o tomar un vaso de agua fría.

Por ahora, el equipo de Intel prueba esta tecnología en estudiantes sin trastorno de hiperagresividad. Les da pistas para manejar el estrés. «He analizado tu agenda», dice Dishman con su voz de máquina, «y veo que tienes reuniones cada media hora, una tras otra, durante doce horas. Cinco de ellas serán con personas que has señalado como las más estresantes para ti, incluidos tu jefe y ese insoportable compañero de trabajo. ¿Quieres darte un descanso?» En última instancia, dice, estos datos, desde nuestra agenda hasta las personas que nos enojan, deberían fundirse con el resto de nuestra información de salud, incluidas nuestras particularidades genéticas, las medicinas que tomamos y los datos procedentes de docenas de sensores. Dishman cree que a la larga cada uno de nosotros elaborará lo que llama un «tablero de instrumentos para manejar nuestra salud y bienestar». Será el tablero de control de nuestra vida. No habrá casi nada de nosotros que esos tableros no estén ansiosos por saber. Y, desde luego, incorporarán todas las tendencias e ideas médicas obtenidas de los tableros de las demás personas.

Aquí surge una pregunta. Supongamos que alguna modalidad de la visión de Dishman cobra forma, y que cada uno de nosotros crea un depósito de datos médicos y personales mucho más detallado del que tenemos ahora. ¿Con quién lo compartiremos? «Esto sale a colación en todos los estudios que hacemos», responde Dishman. «¿Cómo ayudas a un anciano con Alzheimer, que no es hábil en la computadora, a decidir quién recibirá sus datos y quién no? Es un gran problema de diseño. Vas con una familia y te dicen: 'Cualquiera puede tener estos datos'. Vas con otra y oyes: 'Mi hijo puede tener los datos de finanzas; mi hija, los de salud, y mi otro hijo con el que estoy enojado, ningún dato'». Concebir leyes y tecnologías para ayudar a la gente a manejar con sensatez la privacidad de sus registros médicos es un reto tan difícil como predecir el mal de Alzheimer o atajar un arranque de hiperagresividad.

Mientras Dishman abunda en el tema de la privacidad, se me vienen a la mente mis secretos médicos. ¿Con quién debería compartirlos? Y de plano me pregunto: «¿Qué tantas ganas tengo de saber de mí mismo?» Cuando avance la investigación sobre pautas de enfermedades, conducta y genética, nos bombardearán con gran cantidad de proyecciones estadísticas sobre todos los males imaginables. Supongamos que te enteras de que tienes un riesgo de 20 por ciento de quedarte ciego por degeneración macular cuando envejezcas, y lees que puedes reducir esa posibilidad o retardar la aparición del problema si modificas tu dieta, dejas de fumar y tomas ciertas pastillas. ¿Cambiarías tu vida como respuesta a dicho riesgo? Si tuvieras una probabilidad de 7 por ciento de sufrir un derrame cerebral en los próximos diez años, ¿qué tan en serio la tomarías? Y si tu riesgo de padecer alguna enfermedad fuera de 8 por ciento, en tanto que el promedio nacional para tu grupo de edad es de 6 por ciento, ¿valdría la pena que te preocuparas? Nuestras gráficas médicas, llenas de números y probabilidades, se parecerán a la tarjeta de resultados de un corredor de apuestas de Las Vegas. Nos ahogaremos en el mar de probabilidades de nuestra muerte.

Lo que yo vislumbro es que, cuando aumente el análisis de nuestros datos médicos, surgirán nuevas firmas de consultoría que procesarán los informes por nosotros. Imagina la compañía AhórrameLosDetalles.com. Integrará todos nuestros informes y nos dará una prescripción de vida, una combinación de medicinas, sugerencias de dieta e incluso de ejercicios para hacer en la alfombra mágica, todo ello diseñado para mantener a raya las amenazas, hasta donde sea posible. Por supuesto, este proceso conllevará sofisticados algoritmos basados en la probabilidad, los cuales generarán mucho trabajo para los Numerati. Sin embargo, la cuestión es que muchos de nosotros, en una era caracterizada por la profusión de datos y análisis médicos, quizá paguemos gustosamente el privilegio de permanecer, al menos en cierta medida, en la ignorancia.

7

LA PAREJA

Mi esposa me grita desde el estudio, en el piso de abajo. Dice que el sitio de encuentro de parejas en Internet le pide describir al hombre de sus sueños.

—¿Qué pongo?

—¡Descríbeme a mí! —le contesto.

Yo estoy en la mesa del comedor, llenando en mi *laptop* el mismo formulario de contacto.

La oigo refunfuñar. No le encanta la idea de que la haya arrastrado a este experimento que promete revelar los algoritmos del amor. Quiero ver si una agencia de encuentro de parejas en línea que estoy examinando, Chemistry.com, cierne las respuestas y los ensayos que le entreguemos, los analiza y nos recomienda como buena pareja uno al otro. Más tarde hablaré con la antropóloga de la Universidad Rutgers que inventó la fórmula de Chemistry para unir parejas, Helen Fisher. En una llamada telefónica, ella fue quien me sugirió hacer la prueba con mi esposa, a la que me costó trabajo convencer de ayudarme. Naturalmente, juramos no responder a nadie de quienes contactáramos en la agencia. Probamos los algoritmos, no a las personas. Claro que estudiar a dos seres que son pareja no tiene nada de científico.

Hasta donde sé, nuestro matrimonio es un triunfo casi milagroso sobre las probabilidades.

Admito que me embarco con muchas dudas en esta investigación. Las emociones de una persona son muy difíciles de descifrar, y más aún de predecir. Ya vimos cuán tortuoso es en la política definir qué impulsa a la gente a inclinarse por un partido u otro. ¿Cuánto más complicado será hacer coincidir a dos personas, cada una tan compleja como el universo? El método de los Numerati funciona bien en áreas en las que conjuntos de datos coherentes reflejan de manera fiel lo que ellos buscan. Nuestros modelos de egresos e ingresos les revelan nuestro riesgo como deudores. Esto es fácil. Si los gerentes de supermercados contaran con un listado de clientes a los que les gusta la papaya, podrían ofrecerles un descuento en la compra de mangos y apostarían a que una buena cantidad de ellos respondería. Sencillo. Pero, ¿qué datos nos definen bien como compañeros? ¿De qué manera se puede modelar a alguien como pareja?

Hace unos años cené con unos amigos en Pittsburgh. Uno de ellos mencionó que su cuñado, hermano de su esposa, se había equivocado al romper con su novia. «Ella era in-cre-í-ble», refirió, moviendo la cabeza. La colmó de adjetivos. Maravillosa, impresionante. Evidentemente había algo en ella, algún atributo que él veía como muy deseable, quizá esencial. ¿Se atrevería a decir qué era enfrente de su esposa, que estaba sentada a su lado?

Le pregunté cuál era ese atributo. «Tenía un magnífico…», hizo una pausa para añadir énfasis, y yo pensé en todas las posibilidades. «Carácter» funcionaría. Sí decía «cuerpo» o, peor aún, «trasero», tal vez echaría a perder el ánimo cordial de nuestra cena.

«Trabajo», agregó. Era una enfermera altamente preparada que podía ganar mucho dinero en cualquier ciudad del país. El cuñado, de haber sabido lo que le convenía, se habría beneficiado de ese ingreso seguro en cualquier lugar. (Debo señalar, sólo para ubicar el comentario en su contexto, que la esposa de mi amigo se había quedado sin trabajo un mes antes.)

En teoría, para este amigo habría sido fácil buscar pareja en Internet. Le habría bastado con clasificar a sus candidatas por nivel de ingreso o historial crediticio, como si estuvieran solicitando un préstamo. Luego, simplemente habría seleccionado de entre las primeras de la lista. Pero apuesto a que esa enfermera a la que admiraba tenía otras cualidades que él valoraba y que quizá no mencionaría frente a su esposa. Tal vez ni él mismo las podía definir.

Así pues, ¿cómo desmenuzan los científicos el amor en piezas que puedan encajar en una jerarquía estadística? El amor se ha resistido desde hace mucho a las mediciones y por eso se ha mantenido obstinadamente en el terreno de los poetas, para frustración de los científicos. Sin duda, Shakespeare lo conocía mucho mejor que Newton, a pesar de que éste fue uno de los grandes genios de su época. Hoy, el reto es encontrar expertos, ya sea antropólogos, como Helen Fisher, o psicólogos, y reunirlos con los Newton modernos: los Numerati. Juntos deben —eso es lo complicado— destilar lo que saben del amor y las relaciones humanas y convertirlo en algoritmos. Hay quienes lo ven ridículo. Sin embargo, los sitios de encuentro de parejas en Internet son una mina de información mayor de la que Shakespeare, e incluso el doctor Kinsey, habrían podido imaginar. Los Numerati están trabajando en los laboratorios del amor.

Para comparar el antiguo e instintivo estilo con el método científico de los sitios *web*, le envío un mensaje electrónico al amigo que hace muchos años, en El Paso, Texas, me presentó a la que se convertiría en mi esposa. Le pregunto qué aspectos de ella lo llevaron a recomendármela. La respuesta me llega a los pocos minutos. Los datos —si se les puede llamar así— que me proporciona no son algo que los más talentosos Numerati puedan medir o modelar. Me escribe que podía comunicarse muy bien con nosotros dos, que teníamos «sentido del humor similar» y que percibió «mucha energía positiva». Nada claro desde la perspectiva de la recopilación de datos. No es de sorprender entonces que Helen Fisher y sus colegas hayan bautizado su agencia como Chemistry.com (que significa «química»). Intentan extraer ciertos datos de nuestra esencia —quizá las cualidades que Shakespeare comparó con un «día de verano» o «un gusano en el capullo»— y usarlos en algoritmos para formar parejas.

Mientras hago lo posible por evitar la insurrección que amenaza en el piso de abajo, avanzo a duras penas en el formulario lleno de preguntas de Chemistry. Es evidente que muchas están planeadas para determinar si soy extrovertido, audaz, cauteloso, detallista; pero otras son más difíciles de interpretar. Me muestran la foto de un hombre y una mujer que están tomando una copa en una terraza. ¿Son hermano y hermana? ¿Amantes? ¿Esposo y esposa? Supongo que son amantes, aunque no alcanzo a comprender qué inferirán de mi respuesta. Luego me piden comparar la longitud de mis dedos anular e índice. Esto también es un misterio. Me preguntan si he tenido relaciones que han prosperado. Describo a mi esposa. Por último paso al ensayo, en el que tendré que escribir cómo me defino. Me figuro que este sistema científico analizará mi selección de vocabulario, así como la longitud y la sintaxis de mis oraciones; con base en ello, determinará qué tipo de pareja soy. Hasta donde sé, mi elección de palabras revelará incluso mis secretos más íntimos; pero para que esto funcione, quiero pensar que el sistema necesita que escriba espontáneamente, sin editar. Así que me relajo y, cooperando con Chemistry, me pongo a teclear. Escribo sobre un año que pasé hace mucho en América del Sur viviendo casi como ermitaño. También sobre este libro, y sobre mi gusto por ir a cafés, ponerme audífonos para aislarme del ruido y escribir. Así continúo dando rienda suelta a este flujo de conciencia. Al final hago clic en el botón de enviar. Minutos después, me quedo de una pieza al ver aparecer mi ensayo, letra por letra, en mi perfil, junto al recuadro reservado para mi fotografía. ¡El ensayo no era precisamente un *tête-à-tête* con la computadora! Era el texto de presentación para que los demás usuarios me conozcan. ¿Qué tiene que ver esto con los Numerati devoradores de números?

Sólo son colaboradores en este proyecto, gran parte del cual, al menos en esta etapa, implica que nos autopromovamos. Es el mismo proceso por el que pasamos cuando solicitamos ingresar a la generación 2014 de Harvard o pedimos empleo como consultores con un salario de seis dígitos en McKinsey and Co. Damos nuestra mejor cara —así lo hemos hecho a lo largo de la historia— y recurrimos a los Numerati para que encuentren a nuestra pareja ideal. Pero, ¿qué sucede si los dos mentimos?

Ése es el riesgo que corremos. A la hora de hacernos promoción, es posible que muchos decidamos llenar los formularios de mentiras piadosas y luego ver cómo lo solucionamos. Lo que cuenta, como diría cualquier publicista, son los resultados. Veamos mis posibilidades. Tengo una fotografía de 1999 que bien podría fortalecer mi perfil en Chemistry.com. Si le quitara con Photoshop ese grano que se me ve en la nariz, aligerara las bolsas bajo mis ojos y aumentara en cincuenta mil dólares mis ingresos, ¿qué no podría yo lograr siendo más joven y rico (y menos honesto) en este sitio *web*?

¿Esto es ciencia? Depende. Considera la información que registro en Chemistry.com. Para empezar, proporciono datos demográficos a sabiendas de que van a interpretarlos. Algunos hablarán bien de mí; en otros me resigno a hacer auténticas revelaciones o trato de dar una imagen creíble. Así que mis posibles parejas se enterarán de mi edad, dirección, profesión, nivel de estudios, religión e incluso de mis ingresos, si acepto indicarlos (no lo hago). El formulario me pregunta si mis hijos viven en casa. (Cortésmente, se abstiene de preguntar si mis hijos y yo vivimos con mi esposa.) Luego me cuestiona sobre las mujeres que estoy dispuesto a considerar. ¿Prefiero excluir a mujeres de ciertas religiones o apariencia física? (Respondo que no excluyo a nadie.) ¿Me interesan las abstemias, las que desertaron de la escuela o las más altas que yo? (Sí, las quiero a todas.) Las preguntas de este tipo datan de cuando se iniciaban los encuentros por computadora, en la década de los sesenta. No exigen análisis ni modelización sofisticados; sólo requieren que la computadora realice labores simples de asociación para colocarnos en grupos. Éstos son los datos con los que mercadólogos y políticos se han dado un festín durante décadas, y no pocos siguen teniendo fe ciega en ellos. Volviendo a las preferencias, están acompañadas de lo que muchos consideran el dato más importante de todo el proceso: la fotografía. (No doy la mía, pues podría despertar sospechas entre mis posibles parejas; sin embargo, lo que me interesa es ver cómo interpretarán los Numerati mis datos. No analizan las fotos; quizá lo hagan en años futuros.)

Luego viene un torrente de datos involuntarios que no estaban a disposición de los pioneros de los encuentros por computadora, quienes usaban tarjetas perforadas. Se trata de nuestra conducta mientras estamos dentro de la página de Chemistry.com. Los analistas de esta compañía, como lo hacen todos sus colegas en el universo del comercio electrónico, registran cada uno de nuestros clics. Determinan qué clase de parejas parecen interesarnos más y luego pueden presentárnoslas (a nosotros y a gente como nosotros). Nos descomponen, categoría por categoría, y buscan tendencias. Este análisis es casi idéntico al que hacen Dave Morgan, de Tacoda, y otros anunciantes en Internet. Su intención no es conocernos a fondo. Nuestros sufridos corazones y agitadas entrañas siguen siendo un enigma para ellos. Simplemente cuentan nuestros clics, estudian nuestra conducta, nos meten en cubetas y nos comercializan.

Finalmente, me aventuro en el terreno más novedoso de los datos: las respuestas a encuestas, las cuales, al ser interpretadas por científicos como Helen Fisher, crean nuestro perfil para el amor. Aquí es donde la mayoría de nosotros perdemos el control del proceso. Es difícil deducir qué tipo de autorretrato creamos, porque muchas preguntas parecen misteriosas; pero a estas alturas, ¿a quién le preocuparía hacerle ajustes? Si pagamos dinero para encontrar a la pareja ideal, la mayoría queremos (al menos en teoría) que la agencia nos conozca lo mejor posible. Así que nos cercioramos de la longitud de nuestros dedos, cavilamos sobre la fotografía de la sonriente pareja en la terraza y sólo evadimos alguna pregunta que parece poner al descubierto algo que no nos gustaría admitir. (Si este cuestionario tiende trampas a violadores y pornógrafos infantiles, no las percibí.) El propósito de esta sección psicológica es ir más allá de la demografía y la conducta, para ahondar en nosotros y desentrañar nuestras fibras más sensibles; conocernos en nuestro nivel más elemental, como seres que participamos en rituales de apareamiento que compartimos con otros animales, desde los sábalos hasta los canguros. No tengo la menor duda de que esta prueba ayudará a Helen Fisher y a su equipo a comprender al menos algunas de las ansias y neurosis que hay en mí. Pero, ¿estos perfiles realmente nos conducen a la persona correcta? ¿O sólo nos dan un tema de conversación para la primera cita que tengamos? Eso es lo que quiero saber.

Y se lo pregunto a Helen Fisher, quien además de antropóloga es neurocientífica, cuando la localizo por teléfono. Formar una pareja, dice, «es el juego más importante que practicamos. Desde una perspectiva darwinista, si tú tienes cuatro hijos y yo no tengo ninguno, tus genes ganan». Cree que los datos estándar que se emplean en las páginas de encuentro —los pasatiempos y los intereses compartidos— son casi inútiles para encontrar pareja. «Puedes tener el mismo origen étnico, la misma posicion socioeconómica, el mismo nivel general de inteligencia», continúa. «Puedes coincidir en apariencia, religión, política y metas. Pero si entras a una sala llena de gente así, tal vez no te enamores de nadie. No podría decirte a cuántas relaciones, en las que la otra persona era perfecta en el papel, he renunciado.» Está segura de que su método descifrará al compañero sentimental tal como lo hacen otros proyectos que hemos visto para modelarnos como consumidores, votantes y empleados. «Vamos a llegar a la esencia de esto, justo como IBM y Yahoo», asegura. «El animal humano obedece a modelos.»

Helen relata que a finales de la década de los noventa empezó a adentrarse en la biología de la personalidad, los genes, los neurotransmisores y, específicamente, las hormonas. En parte, lo hizo luego de estudiar ecografías cerebrales de personas «obsesionadas románticamente». Su teoría es que cuatro hormonas —estrógeno, testosterona, dopamina y serotonina— moldean nuestra personalidad, y que buscamos a quienes nos complementen, a quienes nos den lo que no tenemos. Su cuestionario está diseñado para dividirnos en cuatro tipos, cada uno con una hormona dominante. Algunas preguntas se centran en los estados de ánimo y en los tipos de personalidad que Helen asocia con cada hormona. Otras, como la tocante a la longitud de los dedos, apuntan directamente a la química. Las investigaciones, refiere, demuestran que los individuos cuyo dedo índice es más corto que el anular a menudo se vieron expuestos a más testosterona en el vientre materno, mientras que aquellos cuyo dedo índice es más largo tienen más estrógeno.

Helen me describe las diferentes hormonas y personalidades. Dice que quienes poseen mucha dopamina suelen ser Exploradores, individuos que corren riesgos con optimismo. La serotonina produce Constructores, que tienden a ser serenos y organizados, y a trabajar satisfactoriamente en equipo. A los rebosantes de testosterona los llama Directores, dos tercios de los cuales son hombres. Se caracterizan por ser analíticos y lógicos, y por tener talento para la música. (Me parecen sospechosamente similares a los Numerati.) En el cuarto grupo, con cerebros que derraman estrógeno, están los Negociadores. Son verbales, intuitivos y sociables. Aunque uno pensaría que están hechos justamente para las relaciones personales, a veces, dice Helen, «son tan volubles que se vuelven apáticos. No los reconoces».

La gente deja huellas de su personalidad por doquier, prosigue Helen, aun en las frases que escribe. Me da ejemplos de las palabras más comunes de cada grupo. Los Exploradores usan términos como «emocionarse», «espíritu», «sueño», «fuego» y «búsqueda», mientras que los Negociadores, más interesados en la comunidad, recurren a «vínculos», «lazos», «amor», «equipo» y «participar». Los Constructores tienden a hablar más de «ley», «honor», «límites» y «honestidad». ¿Y la cubeta de Directores infestada de Numerati? En gran medida, sus palabras se centran en el mundo físico y son comunes «propósito», «medida», «fuerte», «duro» y «recorte». No es de sorprender que también mencionen mucho «pensamiento».

Mi esposa y yo nos enteramos después de que somos por igual Exploradores-Negociadores. (Cada persona tiene una etiqueta dominante y una secundaria.) Esto parece bastante positivo. «Tienden a ser concentrados e ingeniosos», leo, «y pueden manejar muchos proyectos al mismo tiempo». En consecuencia, los dos «son a veces un torbellino de actividades». Sin embargo, una pareja de Exploradores, advierte Helen, tiene sus riesgos: «Los Exploradores vuelan en diferentes direcciones tan pronto como se aburren. Se les facilita establecer relaciones, pero luego no saben cómo llegaron a ellas e intentan escabullirse».

De acuerdo. Es probable que mi esposa y yo de veras necesitemos un sensato Constructor que ordene nuestras finanzas, planee nuestras vacaciones y se cerciore de que a los gatos los vacunaron contra la rabia. Si bien suena descabellado, ¿no será eso lo que nuestros corazones anhelan en secreto? En principio, la mayoría de las evidencias de Helen Fisher son anecdóticas. Describe a una pareja clásica. Imagínate a un hombre resuelto, un ejecutivo fabulosamente exitoso. Corta cabezas, reduce la nómina, elimina a sus posibles rivales. Es un tipo sin ningún miramiento. Es un Director. Y es probable, dice Helen, que tenga una esposa que hable con dulzura y resuelva problemas, que reconstruya calladamente todas las amistades que él destroza. Ella es una Negociadora. Estas dos personas, prosigue Helen, «son muy simbióticas. Se atraen mutuamente».

Es obvio que Chemistry no encuentra la misma atracción entre mi esposa y yo. Cuando entro a su sitio *web*, me topo con una lista de cinco mujeres que tienen los niveles adecuados de serotonina y estrógeno para personas como yo. Mi esposa no es una de ellas. Hay una gerente de seguros de West Orange —una Negociadora-Exploradora—, que dice que «todos debemos reír a diario, especialmente reírnos de nosotros mismos». Una Negociadora-Constructora, de Rochelle Park, trabaja en seguridad de información y adora los bailes de salón. Aunque el sistema eligió para mí a éstas y a las tres restantes, muchas otras suscriptoras también tendrán acceso a mi perfil. Independientemente de la química, son libres de expresar interés. Así sean Constructoras-Directoras de Tarrytown o Exploradoras-Negociadoras —como yo— de Toms River, el sistema me dice que cada una de ellas es una «pareja excelente». Va directo al grano, mientras hago clic en mis posibles parejas, donde la palabra «excelente» empieza a parecer demasiado ordinaria.

¿Qué ocurre? El sistema automático, con toda modestia, reconoce sus límites y se rinde ante el cerebro humano. La ciencia se encuentra en un punto en el que puede hacer sugerencias. Pero una máquina, al menos en este momento, está lejos de invalidar al mucho más sofisticado ser humano y descalificar a un posible Romeo. «Pareja excelente», dice.

Aunque no se atreve a criticar nuestros juicios, el sistema de Chemistry debería estar en condiciones de sugerir asociaciones más inteligentes cuando ve qué combinaciones funcionan. Helen me dice que posee datos de los 1.6 millones de personas que han hecho su prueba. Puede ver qué tipos de personas con mayor probabilidad buscarán a otras en particular. Las estadísticas indican, como ella predijo, que los Negociadores y los Directores se atraen mutuamente. A los Exploradores les agradan los Negociadores. Los sensatos Constructores suelen sentirse atraídos por los Exploradores, quienes los ayudan a «avivarse», dice Helen. Pero con igual frecuencia, los Constructores optan por una combinación menos flamable y buscan a alguien de su mismo tipo. Con base en estas observaciones, Helen podría afinar las recomendaciones y quizá lograr que el sistema me ayude a encontrar a mi esposa.

Desde luego, los grupos de personalidad son sólo una pizca de datos en nuestros perfiles de contacto. Cuando hablo con los analistas de Match.com, la matriz de Chemistry.com, me dicen que todos buscamos instintivamente una pareja de nuestro nivel cultural y educativo. Podemos hallar esa compatibilidad simplemente leyendo el ensayo de la otra persona. A medida que nuestro nivel educativo aumenta, empleamos palabras más complejas y oraciones más extensas. Quienes recurren a una agencia no son la excepción en la búsqueda natural de personas de su mismo nivel, de manera que las agencias de encuentro de parejas podrían acelerar el proceso si en primer término nos presentaran a gente que tuviera un vocabulario similar al nuestro. También nos fijamos en otras semejanzas, por ridículas que parezcan. El equipo de Match.com ha descubierto que si le demuestra a una persona que tiene tres cosas en común con una posible pareja, su interés aumenta. «Podemos mandarle un mensaje electrónico para decirle que hay alguien en su ciudad a quien también le gustan los perros y cuyo color favorito es el rojo», refiere Jim Talbott, gerente de análisis *web*. Supone que la gente considera esto como «una pequeña coincidencia, un capricho del destino». Comoquiera que sea, es fácil dar con esas semejanzas, usarlas como herramientas de mercadotecnia y luego calcular qué combinaciones atraen más a cada tipo de cliente. De nuevo, puede observarse que esta dinámica es casi idéntica a la de la publicidad dirigida a objetivos, un nicho más cómodo para los Numerati que los embrollos de la atracción humana.

La única diferencia es, en este caso, que los bienes anunciados somos nosotros. Queremos encontrar, y queremos que nos encuentren. Y en creciente medida, tendremos que determinar cómo usar nuestros propios perfiles estadísticos para hacer surgir la chispa. Conforme nuestros rituales de apareamiento migren de bares y bibliotecas escolares a redes electrónicas, afinar nuestros algoritmos podría ser tan importante como las sonrisas, los aromas y las miradas de soslayo que Shakespeare conocía tan bien.

¿Alguna vez has reparado en el pequeño botón de Google que dice «Voy a tener suerte»? Teclea una búsqueda, haz clic en ese botón y te aparecerá sólo una página de la Red, la que más probablemente corresponde a dicha búsqueda. No obstante, a pesar de que este botón agiliza las cosas, casi nadie lo usa; según Google, representa mucho menos del 1 por ciento del total de las búsquedas. ¿A qué se debe? Para empezar, no confiamos en que la máquina entienda nuestras instrucciones y nos dé la página correcta el 100 por ciento de las veces. ¿Qué tal si hubiera una página mejor? El hecho es que nos gustan las opciones, explorar las posibilidades. Imagina que Chemistry.com, a la manera de quienes arreglaban matrimonios para la realeza europea en otros siglos, nos conectara con una única posible pareja. Nos sentiríamos engañados. Y, como el siempre frustrado Enrique VIII, nos preguntaríamos si no existe alguien con una pizca extra de esto o cierta dosis de aquello. Aunque la ciencia —un motor de búsqueda o un sitio *web* de encuentro de parejas— tuviera las herramientas para darnos exactamente lo que buscamos, no nos dejaríamos convencer sino hasta ver las demás posibilidades. (A algunos nos gusta seguir probando alternativas incluso mucho después de haber tomado una decisión.) Luego entonces, la clave de estos servicios es brindarnos una selección de buenas opciones.

Y para nosotros, ¿cuál es la clave? Nuestro éxito en este mundo interconectado, ya sea que vayamos en pos de una cita romántica o de un empleo, no depende sólo de nuestra habilidad para buscar, sino también de aparecer como la primera opción entre los resultados de búsqueda de otra persona. A lo largo de la historia hemos desarrollado un sinfín de maneras para atraer a los demás, a fin de que nos encuentren. Usamos perfumes, joyas, tatuajes, zapatos de plataforma, con el fin de transmitir el mensaje de quiénes somos. Escribimos currículos y creamos redes sociales grandes y complejas. Contamos chistes. Algunos pagamos para aparecer en libros de consulta, como *Who's Who*. Cuando los Numerati hagan valer sus procedimientos, la gente no nos localizará tanto por la forma en que nos ven o escuchan, ni por nuestra amistad, sino por los programas basados en las matemáticas que procesen nuestros datos. Cada vez más, el secreto será ayudar a las máquinas a encontrarnos, y usarlas para localizar a otras personas.

En cuanto a las compañías, esta necesidad inaplazable de que le gente las encuentre ha generado toda una industria de consultoría, llamada optimización para motores de búsqueda. Supongamos que eres dueño de una posada en Tucson. Pero cuando alguien teclea «posadas en Tucson» en un buscador, tu sitio *web* no aparece sino hasta la quinta página. Esto es desastroso, porque tus potenciales clientes jamás te encontrarán. Así que acudes a consultores y les pagas para que ajusten tu página de tal forma que aparezca en las primeras opciones de los resultados. (En Internet abundan las compañías que ofrecen este servicio.)

Para optimizar tu página, ellos deben conocer el algoritmo de búsqueda. ¿Cómo determina éste cuáles son las páginas principales? ¿Por la cantidad de enlaces que tienen a otras páginas? ¿Porque las consultan mucho? ¿Por el predominio de ciertas palabras? Los buenos consultores prueban miles de combinaciones y deducen qué busca el algoritmo. Luego ajustan las páginas *web* para satisfacerlo. Mientras tanto, los ingenieros de los motores de búsqueda hacen pequeñas modificaciones a sus algoritmos para poner a aquellos manipuladores en su lugar y mantener las páginas más relevantes al principio de las listas. Cada clic les da retroalimentación. Es una lucha eterna, no sólo entre motores de búsqueda y consultores, sino entre los mismos consultores. Algunos juegan con Google mejor que otros.

Eso hemos hecho los humanos desde que caminamos erguidos: los sistemas de juego son nuestra especialidad. Desentrañamos el funcionamiento de las cosas; luego tomamos las medidas necesarias para hacer que se reviertan en nuestro beneficio. El procedimiento es el mismo, no importa si es para reunir una cartera de inversión o ser nombrados «empleado del año». Cada caso implica deducir la receta —o algoritmo— ideal para el resultado deseado. Esta dinámica no ha cambiado. No obstante, hoy en día, cada vez más de esas trampas tienen que ver con sistemas automáticos. En otros tiempos, por ejemplo, antes de solicitar empleo preparábamos meticulosamente nuestro currículo con los tipos de letra adecuados y el mejor papel afiligranado, con el objeto de llamar la atención del gerente de recursos humanos. Ahora, según *BusinessWeek,* el 94 por ciento de las corporaciones estadounidenses piden currículos electrónicos. Usan *software* para filtrarlos y someter a la consideración de los gerentes una selección de «finalistas». ¿Qué busca este *software?* Eso es lo que tenemos que deducir. Algunos programas destacan ciertas palabras: maestría, Harvard, Excel, dominio del chino. Otros buscan combinaciones más sofisticadas. De modo que muchos consultores están dispuestos a vendernos sus estrategias secretas. El hecho es que cuando queremos que nos encuentren, no importa si persegumios dinero o amor, debemos volvernos asimilables para las máquinas. Necesitamos que nuestra página sea más relevante. Debemos adecuarnos a los algoritmos.

Saca tu teléfono celular del bolsillo o el bolso. Míralo bien. En la última década hemos aprendido a dar por sentadas estas milagrosas computadoras de bolsillo, equipadas con radioseñales, sensores y capacidad para procesar y almacenar información. En muchos sentidos, son similares al paquete de *hardware* del tamaño de una pelota de tenis que se menea en el estómago de Norman, el buey fistulado. Ahora imagina que quisiéramos emular a Norman. ¿Y si usáramos nuestro teléfono, como lo hace la computadora que está en su estómago, a fin de registrar nuestros movimientos e interacciones, y luego recurriéramos a los Numerati para que crearan un perfil matemático de cada uno de nosotros? ¿Podríamos encontrar a otras personas con modelos semejantes? ¿Podrían esas personas convertirse en nuestros amigos y aliados, o en nuestra pareja?

Nathan Eagle cree que sí. Hace unos años, cuando hacía su doctorado en el Media Lab del Instituto Tecnológico de Massachusetts (MIT), llevó a cabo un experimento. Distribuyó teléfonos celulares a cien estudiantes de posgrado; un cuarta parte de ellos pertenecían a la Escuela Sloan de Administración y Dirección del MIT, el resto al Media Lab para ingenieros. Les dijo que los teléfonos contaban con *software* para registrar sus movimientos e interacciones. En el curso de un año escolar, esos datos indicarían a los investigadores no sólo a dónde iban los estudiantes y cómo se comunicaban entre sí, sino también con quién se llevaban y hasta con quién pasaban la noche. Era una intromisión a la privacidad tan grave que habría motivado la creación de un comité de inspección en el Congreso. Sin embargo, todos los estudiantes pusieron por escrito su consentimiento.

Eagle vive en la costa de Kenia cuando hago contacto con él. Trabaja en un proyecto educativo. Y como falla nuestra conexión de Skype, comenzamos a chatear. Me dice que ve cuando las tortugas se dirigen a poner sus huevos en la playa y que hay muchas presiones para protegerlas de los cazadores furtivos. «En la ciudad te compran estos huevos por seis chelines», escribe. Poco a poco lo conduzco al tema de la lejana Cambridge para que me hable de su experimento. Durante el año escolar, dice, resultó fácil ver que los dos grupos de estudiantes —los de administración y los de ingeniería— actuaban de acuerdo con modelos diferentes. Eagle pudo predecir con más de 90 por ciento de certidumbre qué tipo de estudiante era cada uno. Más aún, pudo examinar diferentes tipos de relaciones y determinar cuáles individuos eran amigos, y cuáles, meros conocidos. Si se encontraban en el bebedero un jueves por la tarde, eso indicaba cierta clase de relación. Si se reunían en un bar la noche del sábado en el centro de Boston, ello denotaba una mayor amistad.

Eagle formó modelos de estudiantes. Empezó con observaciones básicas de uso del teléfono celular: si el estudiante estaba en casa o en el trabajo, si tenía encendido o apagado el teléfono. A cada una de estas variables la llamó una «eigenconducta». (El prefijo *eigen* es multiplicador de una tendencia o dirección establecida.) Le resultó fácil calcular la media de las conductas. Enseguida dividió a los alumnos en grupos. Así fue como distinguió a los estudiantes de administración de los de ingeniería. Aun dentro de los grupos, cada individuo tenía una combinación única de conductas. Los sábados, algunos dormían hasta después de mediodía. Otros apagaban el teléfono el domingo por la mañana (¿iban a la iglesia?). Cuando Eagle realizó coloridas gráficas con esta información, la vida de cada estudiante daba la impresión de ser tan ordenada como las formas geométricas de un tapete navajo. Eran tan regulares, que él pudo predecir con gran exactitud lo que cada persona haría después: a dónde iría, a quién llamaría, a qué hora se acostaría y si apagaría el teléfono celular.

Cualquier organización desearía contar con ese tipo de información. Las compañías de transporte quieren predecir los movimientos de los pasajeros. A los publicistas, naturalmente, les encantaría lanzarle el anuncio de un bar o de un restaurante a un usuario de teléfono en cuanto éste se dispusiera a divertirse. Y sobra mencionar cuán útiles serían estos datos de rastreo para el Departamento de Seguridad Nacional.

Ahora bien, Eagle tiene la idea de que nosotros podemos aprovecharlos en beneficio propio. Desea incorporarse al negocio de la amistad. Imagina, señala, que pudiéramos poner nuestros teléfonos en modo «promiscuo». Esto significa que estaríamos abiertos a encuentros casuales. Nuestro teléfono funcionaría como un faro: enviaría nuestro perfil en ondas de radio entre quienes nos rodean. Al principio, este perfil será como en los viejos tiempos de los encuentros de parejas por computadora, ya que incluirá una lista de nuestras preferencias, por decir, películas suecas, andar en bicicleta, comida francesa. Si nos cruzamos con personas que comparten esos intereses, nuestro perfil aparecerá en sus teléfonos y supuestamente no nos molestará que alguien nos toque el hombro para decirnos: «Comí un exquisito *coq au vin* en un pequeño bistró...» En el trabajo, un sistema similar podría avisarnos que en la cafetería hay compañeros que dominan el sistema operativo Linux o la genética de la drosófila.

Sin embargo, yendo más allá, nuestros movimientos con un teléfono celular pueden crear perfiles completos de cada uno de nosotros infinitamente más detallados que los formularios que mi esposa y yo llenamos para Chemistry.com. Si autorizamos que se nos examine a la manera en que Dan Andresen y su equipo estudian a sus bueyes, otros podrían escudriñar nuestros movimientos y redes sociales. Podrían diagramar el ADN de nuestra conducta. ¿Por qué lo permitiríamos? Imagina que esos datos pudieran servir para hallar a otras personas cuyos perfiles coincidieran con el tuyo. ¿Serían tus siguientes amigos? ¿El amor de tu vida? Ese océano de datos móviles podría ser la próxima frontera para Helen Fisher y los demás buscadores de parejas del mundo.

Algunas compañías ya están amasando una gran cantidad de esos datos. Considera el teléfono celular que te pedí sacar de tu bolsillo. Tu compañía telefónica puede detectar que lo traes ahí, sin usar. Tiene información más que suficiente para sacar firmes conclusiones sobre ti y hacer predicciones (en su mayoría centradas en la posibilidad de que te cambies a otra compañía). Ésta es una posible mina de oro de datos personales. Las compañías telefónicas tienen todo lo que necesitan para rastrear nuestros movimientos y redes sociales. Podrían analizar las fotos que enviamos y las palabras de nuestros mensajes de texto. Cuando navegamos en la Red y usamos el teléfono para el comercio electrónico, saben aún más. Si quisieran (y estuvieran dispuestas a enfrentarse a una oleada de demandas por violación a la privacidad), podrían hacer grandes negocios con una información tan abundante. Y hasta podrían empaquetar nuestros datos y vendérnoslos a nosotros mismos. Ésa es la idea de Nathan Eagle. Su plan, apenas en pañales, es darnos el control: usar nuestros datos para ser más felices y plenos, para rodearnos de más amigos o quizá simplemente para que nos conozcamos mejor.

Los primeros resultados de Chemistry.com arrojan una luz ominosa sobre mi matrimonio. Ninguno de los dos aparecemos en el radar del otro. Una mañana de domingo, por lo demás radiante, veo que la agencia alinea a mi esposa con un Negociador-Director de Rosedale, Nueva York. Haciéndose llamar «Héroe de Clase Obrera», él escribe: «Dejo de oler las rosas para buscar la belleza que está en todos nosotros más allá de la tierra donde estas rosas están plantadas». Quizá mi esposa, que es horticultora, se identifique con estas palabras. La computadora agrega que la química entre ambos augura maravillas: «Con la espontaneidad y creatividad del Explorador y la flexibilidad e imaginación del Negociador, les aguardan grandes aventuras y diversión». En ese momento, estoy dispuesto a reconocer que el Héroe de Clase Obrera es un digno rival. Pero, ¿qué hay de Rosedale? Se localiza a sesenta y cinco kilómetros, en el extremo más remoto de Nueva York (y funestamente cerca del aeropuerto John F. Kennedy). Es demasiado. Google me dice que el viaje podría durar «hasta una hora cincuenta minutos con tráfico». ¿De veras es preferible esta pesadilla logística, a pesar de todo su potencial, a una relación con un Explorador-Negociador llamado Stephen que vive en la misma ciudad (y, por pura casualidad, en la misma casa)?

Reviso mi perfil para ver si hay algún detalle que nos separe. ¡Y ahí está! Cuando llené mi formulario, por error limité mi búsqueda a mujeres más jóvenes que mi esposa. Qué tonto. Bloqueé el único vínculo que me importaba, y prácticamente arrojé a mi esposa a los brazos de rivales de criterio más amplio. Fueron los datos que estaban bajo mi control los que me traicionaron.

Aumento de inmediato el límite de edad. Horas después, mi

esposa entra a la página de Chemistry.com y ahí estoy yo. Por fin, es el Stephen sin foto de Montclair, un compañero Explorador-Negociador que la corteja con el mismo ensayo bobalicón sobre el uso de audífonos para aislarse del ruido en los cafés. Desde luego, la agencia declara que esta pareja es «excelente». Y nuestra relación Explorador-Explorador es muy prometedora: «A los dos los haría muy felices improvisar un viaje a París o a Nepal. Y es probable que en la intimidad también convivan de maravilla». En este momento, mi esposa califica a Stephen como «un hombre con chispa», y al resto de mis rivales como «desastrosos». Los algoritmos completaron su tarea. Los demás pretendientes han sido desterrados a Bernardsville, Rosedale y allende las fronteras.

La verdad es que esto fue una especie de farsa y simplemente nos reímos de ella. Pero si nuestras hormonas y la longitud de nuestros dedos tuvieron algo que ver en esto, en realidad la agencia cumplió su cometido: nos permitió encontrarnos. Lo que hagamos con las esplendorosas posibilidades que nos aguardan es cosa nuestra.

CONCLUSIÓN

Terry Therneau me cuenta que hace mucho tiempo trabajó como asesor en un campamento de verano, junto a un lago en el norte de Minnesota. Como Therneau es uno de los líderes en biología cuantitativa de la Clínica Mayo, su desviación de los datos médicos a los bosques de su juventud me toma por sorpresa. «Una de mis metas aquel verano», agrega, «era conocer los nombres de todos los árboles del bosque». Parecía sencillo, pues, por lo que había podido ver, apenas había una decena de árboles diferentes. Continúa: «Conforme los fui conociendo, comencé a ver más y más. Muy pronto, mi cálculo de los árboles del bosque se había decuplicado». La complejidad parecía aumentar junto con su conocimiento. Ahora aprecia el mismo fenómeno cuando estudia el cuerpo humano. Millones de proteínas, todas ellas interrelacionadas, se apiñan en nuestras células como «nubes de mosquitos». Cuanto más aprende, más ve. Y cuando Therneau regresó de aquel campamento de verano, aún no conocía todos los árboles de los bosques del norte de Minnesota.

Los Numerati también lidian con una complejidad descomunal. Buscan pautas en datos que describen algo casi irremediablemente complicado: la vida y la conducta de los seres humanos. La audacia de su misión es alucinante. ¿Van a deducir por quién es probable que votemos, con quién deseamos trabajar, a quién podemos amar, todo a partir de los modelos estadísticos de los datos? Es el colmo de la soberbia, y conduce a humillantes decepciones. Como los árboles que crecen en los bosques de Minnesota, confundimos a quienes tratan de clasificarnos, aunque en la mayoría de los casos lo hacemos sin proponérnoslo. La vida es compleja.

Sin embargo, los Numerati avanzan de manera paulatina. En realidad no nos conocen, ni nos conocerán jamás. Pero cada día, en todos los ámbitos, comprenden y predicen nuestra conducta un poco mejor. Aprenden de sus errores. Acumulan más datos. Siguen experimentando. Es un proceso científico y, de los laboratorios de publicidad al contraterrorismo, a cada uno de nosotros se nos ha concebido como espécimen. En algunos casos, nos desmenuzan con gran detalle; en otros, sólo toman nuestra esencia. Comoquiera que sea, no hay marcha atrás: en la era que se inicia, este análisis estadístico describirá, estudiará y predirá nuestra vida cada vez más.

Esto acarreará muchas frustraciones. De vez en cuando, nos enfrentaremos a conclusiones cuestionables o francamente erróneas, aunque manejadas con la certidumbre de la ciencia. A veces ello reducirá nuestras opciones. En la actualidad, las compañías de seguros que cuentan con análisis estadísticos de costos y tasas de supervivencia están imponiendo sus exigencias a los médicos, quienes alguna vez tuvieron la libertad de confiar en su intuición. Esa tendencia va a acentuarse. Y cuando los números proliferen y los investigadores conozcan más sobre nuestro ADN, los sistemas automáticos darán a hospitales, aseguradoras y organismos gubernamentales la instrucción de seleccionar a las personas. Tal como lo hacen los juiciosos guardianes de las discotecas, dejarán pasar a algunos individuos antes de alzar la mano y decir: «Tú no».

¿Cómo nos defenderemos? Con números. Para eso, debemos conocer los métodos que producen estos análisis y dominar algunos de ellos. En el pasado, por ejemplo, un trabajador podía justificar un aumento de sueldo con un breve párrafo en una evaluación de fin de año. (Éste ha sido mi método.) Ahora, en forma creciente, llevamos la delantera quienes podemos cuantificar nuestros logros anuales en una hoja de cálculo de Excel. En los casos más desesperados, contrataremos a abogados que dominen las herramientas de los Numerati y que puedan desmentir las defectuosas y tendenciosas conclusiones arrojadas por las curvas y las correlaciones estadísticas. La batalla, sea en el trabajo o en los tribunales, se basará en el análisis de datos.

Sin embargo, cuando ese mundo cobre forma, tendremos que definir qué parte de nosotros vamos a ocultar. Me cuentan que hace muchos años mi cuñada se enfrentó al mismo dilema. Salía de la regadera en el dormitorio de mujeres cuando oyó que alguien gritó: «¡Hombres en el piso!» Nada raro en muchas escuelas, pero aquél era un colegio religioso y muy conservador. Ella estaba desnuda, sólo tenía una pequeña toalla para cubrirse y los chicos merodeaban por los pasillos. Podía oírlos. Esperó, pero no se iban. Entonces se puso a pensar qué parte del cuerpo iba a taparse con la toalla; apenas le alcanzaba para esconder o el trasero o el busto. Debía tomar una decisión. Finalmente se le ocurrió una idea inspiradora. Se envolvió la cabeza con la toalla, y así desnuda corrió a su habitación. Dadas las opciones, para ella era más importante ocultar su identidad que su cuerpo.

En el nuevo mundo, todos afrontaremos situaciones en las que quedarán expuestos nuestros datos más íntimos, no faltará con quién. Eso sí, a lo mejor nos interesaría o agradaría compartir algunos. Por ejemplo, los pacientes de VIH quizá deseen participar en algún estudio y revelar mucha información sobre sus síntomas, estados de ánimo o hábitos, aunque con una condición vital: mantener el anonimato. Los datos personales pueden compartirse, pero la identidad no.

De manera que tendremos que replantear el concepto de la privacidad y los secretos. No todos los secretos son iguales. Hay cosas que no le decimos a nadie. Otras las compartimos con la familia y dos o tres amigos. Muchos secretos lo son sólo de nombre, porque todo el tiempo hablamos de ellos. Hasta hace poco, nuestros secretos estaban dispersos. El médico guardaba algunos;

el banquero, otros. El profesor de preparatoria, la modista, los vecinos, los compañeros de la oficina, todos recibían su ración. Algunos existían sólo en la memoria de esas personas, a quienes de vez en cuando se les escapaban detalles que luego se convertían en chismes. Muchos secretos se garabateaban en recibos o recetas, formularios de la policía o reportes escolares. La mayoría de ellos, si jugábamos bien, no circulaban extensamente. A menos que un detective se pusiera a armarlos, los fragmentos de información no podían juntarse unos con otros. Ahora sí pueden, y lo harán.

Tal vez suene alarmante. Sin duda, algunos querrán alejarse por completo de ese mundo generador de datos. Habrá quienes tendrán sus reservas con Internet, si acaso se aventuran en él. Pagarán en efectivo para evitar el rastro de las tarjetas de crédito. Estarán dispuestos a hacer largas filas en las casetas de peaje en vez de pasar por los lectores automáticos (que pueden rastrear muchos de nuestros movimientos y calcular nuestra velocidad promedio).

Sin embargo, con un poco de conocimiento podemos revertir estas herramientas en nuestro beneficio. No sé si lo notaste, pero conforme nos abrimos paso en estas páginas desde el trabajo vigilado hasta los laboratorios del amor, pasamos gradualmente de ser siervos a amos de los datos. Al principio, las empresas usan esas herramientas para analizarnos y volvernos más productivos. En muchos de sus cálculos seríamos simples máquinas. Los publicistas y operadores políticos recopilan nuestros datos para clasificarnos en cubetas, aunque lo hacen con el propósito de proveernos de más anuncios y promociones acordes a nuestros gustos y valores, darnos más de lo que queremos. Éste es un paso hacia el poder. Una vez que llegamos a los laboratorios de salud en el hogar de Intel, nos ponen sensores en el cuerpo e instalan alfombras mágicas en el piso de nuestra cocina, el equilibrio cambia. Recurrimos a la ciencia de los Numerati para protegernos de caídas y prevenirnos de derrames cerebrales e infartos. Cerramos el círculo cuando buscamos el amor en Chemistry.com. Pagamos por obtener nuestros propios perfiles algorítmicos y correlaciones matemáticas que nos conecten con posibles parejas. La cuesión es que el poder de estas herramientas estadísticas sobre nuestra vida aumentará silenciosamente, si bien podríamos aprender a tomar los controles y aprovecharlos.

¿Por dónde empezar? Es difícil saberlo en estos primeros tiempos. Tendríamos que leer las letras pequeñas de las cláusulas de privacidad en los sitios *web* de comercio electrónico y en las solicitudes de tarjeta de crédito. Pero cuando sepamos más sobre el valor de nuestros datos y sobre nuestras vulnerabilidades, sin duda recurriremos a servicios especializados para que nos asesoren. Será una oportunidad para que surjan empesas que atiendan a ese mercado creciente. A este respecto, una organización no lucrativa fundada en 2005, AttentionTrust, va a la cabeza. Proporciona a los internautas herramientas para acumular sus propios datos y venderlos, si así lo desean, a anunciantes. Básicamente, AttentionTrust insta a la gente a recopilar sus propios clics y palabras, y a dejar de regalárselos a compañías como Tacoda, Umbria y muchas otras. AttentionTrust aún no es muy conocida más allá de un círculo familiarizado en la Red. Hasta ahora, los mercados para la venta de nuestros datos están en pañales, lo cual, no obstante, podría cambiar cuando un mayor número de personas conozcan la manera en que los Numerati nos suman.

Un domingo por la tarde, mientras escribo, me pongo mis típicos audífonos y escucho una sinfonía de Mahler para aislarme de la ruidosa sesión didáctica del piso de arriba, pues mi hijo de quince años está luchando con el álgebra. Esto me lleva a preguntarme qué deberá aprender para una vida en la que lo medirán de miles de formas, lo desharán en pequeñas facciones y luego los magos de la estadística lo rearmarán y optimizarán. ¿Será necesario que se enfrente al cálculo avanzado? ¿Debería adentrarse en la investigación de operaciones, aprender a manipular eigenvectores y modelos ocultos de Markov? ¿Él y millones de personas más tendrán que convertirse en Numerati?

En una palabra: no. Comencemos por aclarar tres mitos persistentes que tergiversan esta discusión, lo cual han hecho durante siglos, si no es que más:

1. El mundo se divide entre personas dedicadas a las palabras y personas dedicadas a los números.

Esto sólo es cierto si nos permitimos creerlo. Los matemáticos y científicos de la computación, de hecho, hablan con palabras. Muchos de los que conocí a lo largo de mi viaje conversaban conmigo en su segunda o tercera lengua. Muchos eran elocuentes. Y quienes en esta división nos enclaustramos del lado de las palabras, quienes damos vuelta a la página de un libro cada vez que aparece una fórmula atiborrada de caracteres griegos y paréntesis (yo soy de ésos), también tenemos la mente llena de números. Constantemente sumamos y dividimos y ejecutamos procesos cuyos nombres matemáticos nos sonarían extraños. Considera este ejemplo. El bebé despertó llorando a las once y luego a la una y después a las dos y media. ¿Esto significa —acostados nosotros en la cama haciendo un tranquilo análisis de regresión— que el próximo llanto ocurrirá a las tres y media?

La diferencia clave entre los Numerati y el resto de nosotros estriba en la caja de herramientas con que ellos cargan. Contiene conjuntos de fórmulas matemáticas y cajones llenos de algoritmos que la humanidad ha elaborado durante miles de años. Mediante el uso de esos conocimientos prácticos, intentan convertir una compleja realidad en números para que sea posible probar y afinar teorías. Analizan si los nuevos edificios se mantendrán en pie o si estallarán bombas, y realizan solos esas tareas tradicionales, con una mínima intervención de aquellos de nosotros que no somos hábiles con dichas herramientas (y que nos achicamos cuando las tenemos en las manos).

Pero los nuevos retos son diferentes. Ahora los Numerati deben predecir cómo reaccionaremos a anuncios de automóviles o un aumento de sueldo. Los modelos que construyen se vendrán abajo si no conocen la conducta humana, si incorporan los datos equivocados. Determinar cómo reducirnos a números requiere no sólo las herramientas correctas, sino también el contexto real. Esto significa que deben trabajar en equipos que abarquen diferentes disciplinas e incluyan a expertos en todo tipo de campos. Hay mucho trabajo para antropólogos, lingüistas e historiadores. Si alguna vez existió una división entre las llamadas personas dedicadas a los números y las dedicadas a las palabras, los retos que nos esperan la demolerán.

2. Los Numerati tienen el control. Se saldrán con la suya.

Falso. Aun los mayores y más poderosos Numerati controlan sólo ciertos terrenos. Fuera de ahí, serán como el resto de nosotros: objetos de estudio. Larry Page, por ejemplo, es uno de los cofundadores de Google y un titán en el mundo de los Numerati. Sus científicos producen máquinas para triturar cientos de miles de millones de nuestras búsquedas y clics, y vendernos, en cubetas pulcramente organizadas, a los anunciantes. Pero cuando el programa político de Joshua Gotbaum procesa datos de consumidores y clasifica a millones de votantes de California, mete a Larry Page en una cubeta de Aguas Tranquilas o Clics Derechos. Así sean pacientes con predisposición genética a la ceguera o compradores de supermercado con una muy elevada tendencia a arrojar una barra de caramelo a su carrito, los Numerati se encuentran en las bases de datos junto con todos nosotros.

Esto es maravilloso, porque las personas mejor dispuestas a explotar nuestra privacidad también se están enterando de cómo su propia privacidad puede ser pisoteada. Lo saben mejor que nadie. Ésta es la dinámica que convirtió a Jeff Jonas, el experto en datos de Las Vegas, en abogado de la privacidad.

3. Quienes dominen los números se llevarán todo el dinero.

Harán dinero, sin duda. Pero no se lo llevarán todo. Piensa en los inicios de la era del automóvil. En las fábricas de Detroit y de Stuttgart, los ingenieros inventaban nuevas máquinas que cambiarían el curso de la historia. Sin embargo, muchas personas que no conocían la diferencia entre un pistón y un alternador hicieron fortuna con los automóviles. Les bastó con entender las tendencias y ajustar sus negocios a éstas. Algunas construyeron fraccionamientos residenciales, centros comerciales y restaurantes de comida rápida en los que no era necesario que la gente descendiera de su coche. Otras compraron terrenos por donde pasarían las autopistas o vendieron buques tanque demasiado grandes para abrirse paso por el Canal de Panamá. Imperios de entretenimiento crecieron en torno a las carreras de la NASCAR y de la Fórmula Uno. La economía motorizada estuvo abierta para quienes vieron el rumbo de las cosas.

Esto es tan cierto hoy como entonces. Una prueba de ello es el caso de otra empresa, Inform Technologies. Su fundador, el ex banquero Neal Goldman, trabaja arduamente para forjar su segunda fortuna. No es ningún mago de los algoritmos, sólo que posee la visión para entender qué pueden hacer los Numerati y ha mostrado una extraordinaria capacidad para identificar a muy buenos entre ellos.

En la década de los noventa, el veinteañero Goldman era una estrella en ascenso en Lehman Brothers, de Nueva York. Trabajaba ciento veinte horas a la semana, haciendo fusiones y adquisiciones transfronterizas, algunas con valor de miles de millones de dólares. «Fue increíblemente intenso», dice. A menudo pasaba las noches en vela, preparando presentaciones que la dirección esperaba a temprana hora. Así que no se despegaba de la computadora, sacando cifras de Bloomberg, apuntes de informes de analistas, números de reportes anuales. Recopilaba datos, y eso era tardado. «Dedicaba algunas horas a organizarlos, vertiéndolos en una hoja de cálculo de Excel», recuerda. «Luego, alrededor de las tres de la mañana, me ponía a pensar.» Qué absurdo era, se dio cuenta, que un profesional muy bien pagado dedicara la mayor parte de la noche a perseguir datos y reunirlos en una hoja de cálculo. «De las doce horas que me llevaba un proceso, dedicaba una a pensar», continúa.

Goldman vio esos dolores de cabeza de toda la noche en Lehman Brothers como una prometedora oportunidad de negocios.

Así que se marchó en 1998 y fundó su propia compañía. Su propósito era crear una herramienta para organizar y estructurar los diversos fragmentos de información que se dedicaba a cazar aquellas noches. Todas las conexiones debían estar al alcance de uno o dos clics. Por ejemplo, alguien que estudiara una inversión en una planta siderúrgica debía encontrar no sólo los registros financieros y el desempeño de las acciones de compañías siderúrgicas —lo cual era fácil—, sino también a los principales participantes en la industria, sus antecedentes y los artículos escritos sobre ellos. Asimismo, debía tener la posibilidad de investigar a los ejecutivos de las empresas: dónde habían trabajado, dónde estudiaron, cómo se relacionaban con los miembros del consejo de administración. El servicio que Goldman contemplaba uniría toda la red de la economía mundial, desde materias primas hasta relaciones personales. Para ello, tendría que colocar un inmenso revoltijo de información en el mismo universo simbólico. Aunque Goldman no era matemático, sabía que si todos esos datos iban a nadar juntos en la misma piscina, debían representarse en un lenguaje común. Necesitaba un genio de los números.

Puso un anuncio en una página de Internet, y un día llamó a su puerta Joe Einhorn, un estudiante de preparatoria de dieciséis años. «Era tan tímido que no podía mirarte a los ojos», relata Goldman. Como prueba, le dio al muchacho «algunas tareas irrealizables». Einhorn regresó a los dos días. «Llevaba cuarenta y ocho horas sin dormir y lo había resuelto todo.» Goldman había encontrado a un novato dispuesto a sumarse a las filas de los Numerati. Joe Einhorn fue su primer empleado. Más adelante también se uniría a la empresa Jack, el hermano de Joe, quien desde los trece años había hecho investigación sobre cáncer como parte de un programa de la Universidad de Nueva York en la Administración de Veteranos, buscando modelos estadísticos en la manifestación de un gen relacionado con el desarrollo de cáncer de próstata.

El equipo fue creciendo. Se integraron nuevos socios, inversionistas y especialistas en tecnología. La herramienta de Goldman, llamada Capital IQ, cobró forma y funcionó. Gran parte del universo financiero estaba representado en ella, en una compleja matriz de vectores. Todos los datos circulaban en el mismo orbe, el cual estaba organizado por relaciones. ¿Quieres encontrar a egresados de Yale miembros de consejos de administración corporativos? Haz clic. ¿Y a los ex ejecutivos de Enron en el ramo de la energía? Haz dos clics. Goldman halló clientes, y en 2004 él y sus socios vendieron la compañía a la unidad Standard & Poor's de McGraw-Hill en doscientos veinticinco millones de dólares.

Cuando hago contacto con Goldman, se ocupa de su nueva empresa, Inform Technologies, un arma de precisión impulsada por los Numerati y dirigida a muchas de las personas con las que yo trabajo: los editores. Inform es muy parecida a Capital IQ. Se aventura en el embrollado y multilingüe universo de las noticias escritas, y busca vincular a los lectores con los diversos temas que les interesarán. En su etapa preliminar, Inform se propone organizar todo el mundo de las noticias, de tal forma que cada artículo esté enlazado con cualquier otra pieza informativa que se le relacione. Un solo perfil del presidente venezolano Hugo Chávez conduce a los lectores a una gran cantidad de enlaces relacionados: sobre la industria petrolera, sobre revoluciones en América Latina, sobre los amigos y aliados de Chávez en Moscú y Teherán, sobre sus accidentadas relaciones con Washington. En el plan de Inform, cada noticia es un hilo entretejido en un inmenso y constantemente mutante tapiz que describe al mundo actual. Esto es muy ambicioso. Pero es apenas el principio. Con el tiempo, la idea es seguir los clics y las búsquedas de los lectores y convertirlos —o convertirnos a nosotros mismos— en perfiles estadísticos. Cada uno de nosotros recibirá entonces noticias personalizadas. A fin de crear este servicio, el equipo de Inform —encabezado por los hermanos Einhorn— debe trasladar las noticias de todo el mundo a una sola plataforma matemática. Según me describe Jack Einhorn, el universo de Inform es una especie de esfera de dimensiones infinitas de la cual las noticias salen disparadas como vectores. Cada una de ellas se cruza con los nombres y los temas que incluye. Las noticias afines viajan en los mismos agrupamientos en este espacio imaginario. Hacen intersección. Esto es similar a la galaxia llena de vectores que encontramos en el análisis del

«Mejor Amigo» de la Universidad Carnegie Mellon. Pero esta vez, en lugar de explorar tus redes sociales en busca de un abogado que hable francés, el análisis podría rastrear simplemente el artículo que quieres sobre cambios en el derecho francés.

Cuando pienso dónde encajo en esta economía algorítmica, no necesito ir más allá de la nueva empresa de Goldman, que lleva a los Numerati justo al corazón del periodismo. El editor que él está produciendo tiene mucho mayor alcance que la versiones humanas que he conocido. En el mundo en el que he forjado mi carrera, la mayoría de los reporteros que cubren reuniones de juntas directivas escolares, tornados, inundaciones y guerras son jóvenes. Se supone que, cuando sean mayores y tengan más estabilidad, serán ascendidos a un puesto editorial mejor pagado. En teoría, su larga experiencia los ayudará a elegir y conformar noticias que sirvan e interesen a sus lectores. No sé si sea juicio o intuición, pero eso es lo que distingue a los editores. Sin embargo, mientras subo a las oficinas de Inform, ubicadas en un sexto piso sobre la Calle 57 del sector este de Manhattan, me encuentro ante un sistema diseñado para automatizar la edición. Si las máquinas se ocupan de la edición, ¿qué deberían hacer los editores humanos? ¿Estudiar matemáticas?

Echemos un vistazo más de cerca a Inform. Entro a la oficina y hay treinta empleados en cuatro hileras, todos ellos inclinados sobre computadoras. Ninguno voltea a mirarme. Al cabo de un minuto, Joe Einhorn me recibe. Ya tiene veintitantos años y lleva puesta una gorra. Me conduce a una sala de conferencias y me pregunta si quiero algo de beber. Tardo unos segundos en percatarme de que acabo de conocer al director científico de la compañía, pero para ese momento se ha alejado por uno de los pasillos. Conecto mi *laptop* y espero a Neal Goldman y a Jack, el hermano de Joe.

Goldman, que frisa los cuarenta años, tiene pelo castaño peinado de raya casi en medio. El cierre plateado de su suéter negro de cuello de tortuga le llega a la nuez. Como Dave Morgan en Tacoda y Howard Kaushansky en Umbria, aprovecha el poder de los Numerati sin dominar su ciencia. Sin duda, sabe mucho más de matemáticas que un egresado de humanidades como yo. Tiene una maestría en administración de empresas y trabajó en finanzas corporativas. Conoce el análisis estadístico, pero no es un as en teoría de conjuntos, geometría algebraica ni ciencias de la computación. Explota su imaginación, lo cual es decisivo, y sabe delegar. «Comprendo conceptualmente», dice. «Tomo un problema y empiezo a analizar qué tipos de datos o puntaje conllevaría. Luego se lo comunico a personas como Jack.»

Las habilidades de Goldman son mucho más oportunas, desde la perspectiva de la planeación profesional, que las de los hermanos Einhorn. Sin embargo, éstos poseen una capacidad especial que la mayoría de nosotros no tenemos ni tendremos jamás. Las sociedades deben atraer y nutrir a esos talentos. Después de todo, son las personas que producirán los siguientes Googles, quizá combatiendo temibles formas de cáncer y poniendo al descubierto redes ocultas de terroristas. Para cualquier sociedad debe ser prioritario identificar a esas personas a temprana edad, no importa su origen étnico ni la labor que desempeñan. Pero ésta es una cuestión política. Para la gran mayoría de nosotros, ser un prodigio matemático o en ciencias de la computación no es una opción profesional.

Luego entonces, ¿qué otros empleos hay? Miro esas largas filas de programadores en Inform y le pregunto a Jack Einhorn qué habilidades poseen. Dice que algunos son magos por derecho propio. Uno de ellos, Ray, su amigo de la infancia, produce robots autónomos para recopilar noticias. Otro, un doctor chino llamado Kai, se especializa en experimentar con algoritmos tomados de la tecnología del reconocimiento de rostros para detectar semejanzas en artículos informativos procedentes del mundo entero. Otros empleados, tanto en Nueva York como en India, se dedican a tareas más prosaicas. Elaboran pequeñas aplicaciones, a la manera de un fabricante de herramientas en una planta automotriz.

Algunas de estas personas trabajan —como dicen en la jerga del *software*— con la cabeza levantada. Hablan con sus colegas en el piso, con diseñadores, quizá incluso con usuarios o con el equipo de ventas. Colaboran. Conforme lo hacen, su valor aumenta porque, si se les sacara de la operación, se extinguiría toda una serie de relaciones. A otros se les conoce como cabezas inclinadas. Se mandan solos. En el mundo al que estamos entrando, las cabezas inclinadas que no estén altamente calificadas serán vulnerables. Puesto que no están entretejidas en la amplia tela del proyecto, pueden ser más fáciles de remplazar, como máquinas independientes, por cabezas inclinadas de menor costo en el extranjero. Después de todo, los números y códigos de computación se trasladan al exterior mucho más rápido que las plantas automotrices. Las matemáticas no son un puerto seguro. Sólo aquellos a quienes les gustan, y que son buenos para ellas, deberían perseguirlas.

¿Y el resto de nosotros? Debemos aprender lo básico de las matemáticas y la estadística —sin duda más de lo que la mayoría sabemos ahora—, pero seguir haciendo lo que nos gusta. El mundo no necesita millones de matemáticos mediocres, y hay muchas oportunidades para especialistas en otros campos. Aun en el corazón de la economía matemática, IBM Research, geómetras e ingenieros trabajan en equipo con lingüistas, antropólogos y psicólogos cognitivos. Éstos detallan la conducta de los seres humanos a aquellos que tratan de elaborar modelos matemáticos de ella. Todos estos proyectos, desde el equipo de Samer Takriti en IBM hasta los investigadores secretos que trabajan tras las barricadas de la Agencia de Seguridad Nacional, se alimentan del conocimiento y el cerebro de diversos grupos. La clave para encontrar un lugar en esos equipos de clase mundial no es necesariamente convertirse en un as matemático, sino en as de algo. Y ese algo debe ser un área que despierte el mayor entusiasmo y la creatividad dentro de cada uno de nosotros. En algún espacio de esos equipos, desde luego, sea en publicidad, edición, contraterrorismo o investigación médica, habrá al menos algunos Numerati. Ellos serán quienes destilen el conocimiento en números y símbolos y lo trasladen a sus potentes herramientas.

Es una soleada mañana en Palo Alto. Desayuno con un inversor de capital de riesgo, y por la tarde tengo una cita en Google. Suena el teléfono celular. Es mi antiguo compañero de cuarto en la universidad, un doctor en ciencias de la computación que probablemente olvida cada año más matemáticas de las que yo aprendí jamás. Son mis primeros días en esta odisea, y estoy muy emocionado de llegar a un nuevo mundo. Le cuento mi plan y le explico, en un par de frases, cómo los matemáticos van a sumergirse en el mar de datos para formar modelos de todos nosotros.

—Ésta es la modelización matemática de la humanidad —le comento.

Se oye mucha interferencia, pero antes de que se corte la llamada lo oigo decir:

—¡Te llamaré después!

Minutos más tarde me dirijo al norte por la carretera U.S. 280 y busco la salida de Sandhill Road, cuando el teléfono suena otra vez.

—Estoy muy preocupado por lo que me contaste —me dice.

Le respondo que voy camino a hacer unas entrevistas y que estoy muy ocupado con el volante para hablar. Me pide que me orille. Entonces me explica que una vez él también soñó con modelar el mundo, pero que después llegó a la conclusión de que las matemáticas, a pesar de ser tan eficaces, estaban equivocadas.

—¿Por qué? —pregunto.

—¿Alguna vez has oído que, si entra basura, sale basura?

Su argumento es que los matemáticos modelan malentendidos del mundo, a menudo usando los datos que tienen a la mano en vez de ir en pos de los hechos no visibles. Me relata la historia de un borracho que una noche oscura busca sus llaves bajo un farol, no necesariamente porque se le han caído ahí, sino porque es el único lugar con luz.

Por la tarde, me encuentro sentado en un patio con Craig Silverstein, director tecnológico de Google. Fue el empleado número uno en Google. Los fundadores, Larry Page y Sergey Brin, lo contrataron porque ninguno de ellos, pese a sus brillantes ideas, sabía mucho sobre motores de búsqueda. Hace sol, el viento agita las páginas de mi cuaderno y le cuento a Silverstein la anécdota del borracho que no encuentra sus llaves.

Sonríe. La ha oído muchas veces. Recuerda una feria científica en la secundaria, en la que presentó un proyecto que contenía muchos datos interesantes que había hallado. «Quería hacer que esos datos fueran significativos», señala. «Finalmente di con una prueba compatible.» Pero los jueces, añade, no se dejaron engañar.

Después de haber pasado tanto tiempo entre los Numerati, he llegado a preguntarme qué papel desempeñará el resto del mundo en una economía dominada por los cálculos. Ahora me viene a la mente la respuesta: nos corresponde a nosotros ayudarlos a encontrar las llaves. Los matemáticos y científicos de la comunicación crean magia, pero sólo si sus fórmulas contienen información real y significativa procedente del mundo físico que habitamos. Así han sido siempre las cosas, y aunque ellos recopilen carretadas de datos, el trabajo es en equipo. «Al final», dice Silverstein, «todo se reduce a contar cosas».

Lo nuevo, desde luego, es que muchas de esas «cosas» que los Numerati cuentan son personas. Nos suman de todas las maneras imaginables y tienen a toda la humanidad para modelar. El ascenso de esta élite contadora convulsionará industrias enteras. Ya está sucediendo. Al mismo tiempo, sospecho que a muchos esto nos llevará a replantearnos quiénes somos. A medida que nos topemos con modelos matemáticos elaborados para predecir nuestra conducta y adivinar nuestros más profundos deseos, será de lo más natural que nos preguntemos: «¿Tienen razón? ¿Realmente eso soy yo?»

AGRADECIMIENTOS

Quiero dar las gracias a mis colegas de *BusinessWeek*, quienes me brindaron mucha ayuda y apoyo durante este proceso. Fue el director editorial, Steve Adler, quien sugirió hacer un reportaje de portada acerca de las matemáticas. Le agradezco haberme asignado esa tarea y haberme otorgado después un permiso para ausentarme más de un año a fin de realizar la investigación y la redacción de este libro. Neil Gross fue el cuidadoso y paciente editor de mi artículo, y un buen asesor mientras trabajé en el libro. Gracias también a Peter Elstrom, Frank Comes y John Byrne. Mi agente, Jim Levine, acogió la idea de este libro con gran entusiasmo y ayudó tremendamente con la propuesta. Elizabeth Fisher trabajó de manera incansable en las ventas en el extranjero.

Jamás habría soñado con una mejor editora en Houghton Mifflin que Amanda Cook, quien contribuyó a dar forma conceptual al libro. Esto fue al inicio del proceso, cuando me dijo que casi todo el libro estaba contenido en el capítulo 4 de mi propuesta. Tenía razón. Durante la etapa de redacción, no dejó de enviarme manuscritos corregidos de Boston a Montclair mientras me aseguraba por teléfono que las cosas avanzaban. Gracias también a Susanna Brougham por ayudarme a configurar el texto definitivo. Agradezco el maravilloso trabajo de Bridget Marmion, Lori Glazer, Patrice Taddonio, Sanj Kharbanda y Elizabeth Lee en la promoción del libro.

Aprecio la generosa cooperación de las fuentes de este libro durante la investigación, tanto las citadas en estas páginas como las muchas otras no mencionadas. Gracias en especial a Anne Watzman, de la Universidad Carnegie Mellon, quien me introdujo a la *World Wide Web* y me instó cuando vivía en Pittsburgh a desplazar mi atención del acero a la tecnología. Gracias también a mi vecino y matemático favorito, Alfredo Bequillard.

Quiero enviar un saludo a mis padres, Mary Jane y Walter, quienes se emocionaron desde el inicio de este proyecto y en espíritu participaron en él hasta la última frase. Mis hermanas, Judy, Sally y Carol fueron cariñosas y comprensivas durante todo el proceso. Gracias también a mis hijos, Aidan, Jack y Henry, y a mi esposa, Jalaire. Entre otras cosas, ella soportó la severa prueba de la agencia de encuentro de parejas por Internet. Además, toleró el cliqueo de mi *laptop* (que hasta la fecha la vuelve loca), así como verme reclinado en el sofá azul durante más meses de los que a cualquiera de los dos nos gustaría contar.

NOTAS

pág. INTRODUCCIÓN

15 *En un solo mes, Yahoo...* Véase «To Aim Ads, Web Is Keeping Closer Eye on You», *New York Times,* 10 de marzo de 2008.

16 *Los mejores matemáticos...* Un poco sobre el origen de este libro. Me puse a armar un reportaje de portada en una reunión editorial en *Business-Week.* La nota, dije, se centraría en los riesgos para la economía tecnológica de Estados Unidos. Muchas regiones del mundo tenían mejores conexiones a Internet y redes inalámbricas superiores, y producían más científicos e ingenieros. Peor aún, la economía estadounidense, que durante mucho tiempo había atraído a algunos de los extranjeros más brillantes, después del 11 de septiembre estaba impidiendo el ingreso de un creciente número de ellos. Y esos mismos extranjeros tenían muchas oportunidades atractivas en su país de origen. Esta versión les pareció demasiado trillada a los editores. ¿No había una forma más fresca de tratar el caso? Neil Gross, uno de los editores, mencionó que las matemáticas eran el fundamento de la mayoría de las tecnologías clave. Esa idea se convirtió en el reportaje de portada. Las matemáticas eran frescas. ¿Quién escribía reportajes de portada sobre matemáticas?

Comencé a entrevistar a matemáticos en el MIT, la Courant School de la Universidad de Nueva York y los Laboratorios Bell. Y pronto me quedó claro que escribir un artículo sobre matemáticas era como escribir uno sobre las palabras. El tema era vastísimo. Así que me centré en los datos, pero luego el reportaje pasó de las matemáticas puras a las ciencias de la computación. Sin embargo, en vista de que las matemáticas constituyen una buena parte de la labor de los Numerati, las mantuvimos en el título del artículo: «Math Will Rock Your World». Véase http://www.businessweek.com/magazine/content/06_04/b3968001.htm.

16 *Más tarde, señala Tobias Dantzig…* Véase Dantzig, *Number: The Language of Science*, p. 7.

17 *Al matemático Bill Fair…* Los investigadores de Fair Isaac esperan usar su experiencia en modelización de datos para aplicaciones fuera del ámbito de las finanzas. Un posible mercado es la medicina. A menudo, las personas que no toman los medicamentos recetados terminan en la sala de urgencias con complicaciones más serias (y costosas). Según Fair Isaac, el que la gente olvide u omita las recetas cuesta a las compañías de seguros en Estados Unidos alrededor de quince mil doscientos millones de dólares cada año. Por esa razón, los investigadores de esa compañía están desarrollando un sistema para asignar a cada uno de nosotros un puntaje que revele el riesgo de que no tomemos nuestras pastillas.

¿Qué detalles de nuestra vida predicen que seremos negligentes con las medicinas? Tal vez la edad, la escolaridad, si vivimos solos. Podría haber correlaciones estadísticas entre grupos étnicos. Por ahora, los investigadores de Fair Isaac están recopilando los datos; no obstante, si en el futuro descubren cómo predecir el riesgo, a la larga podrían etiquetarnos con un puntaje por «incumplimiento de recetas». Los que tuviéramos puntajes elevados quizá recibiríamos una llamada del consultorio médico cada dos o tres días para recordarnos tomar las medicinas. O hasta podrían enviar a alguien a nuestra casa, lo cual desde luego sería muy oneroso; aunque, desde la perspectiva de las compañías de seguros, eso sería más barato que cubrir los costos de tres semanas en la unidad de terapia intensiva.

Fair Isaac también contempla asignar puntajes para todo tipo de cualidades humanas, como la honestidad, la generosidad y la confiabilidad. A las empresas, por supuesto, les interesarían tales números. Y si la industria de la filantropía tuviera acceso a nuestros puntajes de generosidad, podría realizar campañas más eficientes de recaudación de fondos. Pero hasta ahora, son sólo ideas.

22 *Integrado por números, vectores y algoritmos…* Aunque la palabra «algoritmo» proviene del nombre de un científico persa del siglo IX, Al-Khwarizmi, los algoritmos eran comunes desde mucho antes de su época. Un algoritmo es una especie de conjunto de instrucciones, o una receta. Brenda Dietrich, directora de investigación matemática de IBM, los encuentra hasta en el reverso de los envases de champú. «Lave, enjuague, repita. Eso es un algoritmo», dice. Los algoritmos son la base de los buscadores de Internet y las campañas de mercadotecnia. Programan la temporada completa de las Grandes Ligas de beisbol. Determinan la cantidad

de lúpulos y cebada que contiene un tarro de Heineken, y el jarabe de maíz y edulcorante de un vaso de Coca-Cola (algoritmo que es un secreto celosamente guardado).

El algoritmo no alcanzó su rol protagónico sino hasta que se inventó la computadora, máquina que requiere instrucciones lógicas y ordenadas (y que es completamente inútil sin ellas). Con su llegada, las matemáticas y la ingeniería aplicadas empezaron a crear más y más algoritmos: instrucciones para contar cosas, clasificarlas, hacer cálculos y comparaciones; en suma, realizar tareas de computación. Naturalmente, muchos algoritmos van de la mano con el análisis estadístico. El algoritmo de un buscador de Internet, por ejemplo, cuenta cuántas páginas tienen enlaces con cada página en la Red, con qué frecuencia se visita cada una, y cuántas veces y con qué relevancia aparecen las palabras clave en cada página. Esto crea una jerarquía sobre un cúmulo de cálculos. Pero las instrucciones, el fundamento del algoritmo, no se basan en lo que generalmente concebimos como matemáticas. Las claves son la claridad y la lógica, dentro de un rígido conjunto de reglas. Con frecuencia oigo que los abogados son buenos para escribir algoritmos.

Una joya de IBM Research: muchos algoritmos desarrollados en décadas pasadas se consideraban teóricos; pero, con el tremendo avance en la capacidad de las computadoras, ahora algunos pueden probarse en éstas. Migran de la teoría a la práctica. Esto ha llevado a los investigadores a peinar sus archivos en busca de gemas algorítmicas ocultas.

24 *Aceptaron vender Tacoda a AOL…* Tacoda no es la única compañía de publicidad conductual que fue absorbida por un gigante de Internet. En septiembre de 2007, Yahoo pagó trescientos millones de dólares por Blue-Lithium, nueva empresa muy parecida a Tacoda. Y en mayo de ese año, Microsft pagó seis mil millones de dólares por aQuantive, compañía de publicidad tecnológica con una división conductual, DrivePM.

1 EL EMPLEADO

40 *Intentó demostrar que la monogamia…* Dantzig, «Discrete-Variable Extremum Problems», *Operations Research,* vol. 5, núm. 2, abril de 1957.

44 *Montañas de información sobre cada empleado…* «International Isn't Just IBM's First Name», *BusinessWeek,* 28 de enero de 2008. Este artículo dice que IBM también ha desarrollado un buscador, llamado Small Blue, para localizar empleados adecuados. «El *software* explora blogs, mensajes de correo electrónico, mensajes instantáneos e informes de los empleados, y después saca conclusiones sobre las habilidades y la experiencia de cada uno de éstos. Cuando otros empleados buscan por tema en Small Blue, el programa explora sus propios hallazgos para obtener una lista de expertos.»

49 *Se hace tarde en la oficina de Takriti.* Samer Takriti dejó su puesto en IBM en agosto de 2007 para integrarse al equipo de matemáticas de Goldman Sachs. En el otoño de ese año nos reunimos para almorzar cerca de su oficina, no lejos de la terminal del *ferry* en el sur de Manhattan. Me dijo que estaba listo para un cambio y que había considerado brevemente otras ofertas de trabajo, tanto en bancos rivales como en Google. Añadió que le emocionaba trabajar en finanzas y participar activamente en los negocios. Éstos van a un ritmo más rápido que la investigación. El trabajo de modelización de los cincuenta mil consultores avanza a toda prisa, dicen ejecutivos de IBM.

2 EL CONSUMIDOR

51 *Pueden estudiar nuestros modelos de consumo…* Por extraño que parezca, una vía para entender a los seres humanos comienza en las llamadas «carreras de caballos», pruebas estadísticas que comparan nuestra conducta con la de otros. Estas pruebas son una norma en la mercadotecnia en Internet, y herencia de la industria de la publicidad directa. De hecho, cada vez que recibimos una pila de correo basura, nos enfrentamos a una manada de caballos de prueba. Fair Isaac es líder en ayudar a las compañías a analizar los resultados. Larry Rosenberger, vicepresidente de investigación de Fair Isaac, me describió el proceso una tarde de otoño en sus oficinas en San Rafael, California.

Rosenberg me mostró en un pizarrón blanco cómo realizan estas carreras las compañías de tarjeta de crédito. Dibujó un tubo largo. «Éste es un cliente», dijo. Comenzó a trazar líneas que lo atravesaban, creando pequeños segmentos parecidos a los de un gusano. «Podrías saber su edad, sexo, ingreso; tener detalles de su conducta, lo que compró y cuándo. Cada uno de estos campos tiene algo que ver con el cliente.» Dibujó otro gusano segmentado, que representaba todas las variaciones de tasas de interés, sanciones y millas de pasajero frecuente que ofrecen las compañías de tarjeta de crédito. (Lo llamó «el vector de la oferta».) Las compañías prueban cada tipo de oferta, algunas más generosas, otras menos, con cada elemento demográfico y después estudian los resultados. Finalmente, deducen la combinación más rentable de incentivos y tasas —e incluso la redacción y el diseño de su mensaje— para cada grupo. En realidad, no debería decir «más» rentable, porque estas compañías siempre se están probando unas contra otras. Las carreras de caballos nunca se detienen. Mientras nosotros seguimos usando tarjetas de crédito, ellas elaboran modelos más detallados de nuestra conducta de consumo y nos envían más caballos. Producen cada vez más datos, los cuales pueden compararse con nuestro expediente que no deja de crecer: lo que compramos, a dónde vamos, cuánto nos endeudamos. Algunas compañías han llevado esto al extremo. Capital One, líder en microselección de objetivos, ha desarrollado más de cien mil perfiles para ofertas de tarjeta de crédito.

51 *Durante medio siglo, el comercio optó...* Para una descripción más detallada de la economía de masas posterior a la Segunda Guerra Mundial, véase *The New Marketing Paradigm*, de Don E. Schultz, Stanley I. Tannenbaum y Robert F. Lauterborn.

53 *Ghani causó revuelo en 2002...* «Mining the Web to Add Semantic Details to Data Mining», *Springer Lecture Notes in Artificial Intelligence*, vol. 3209, 2004.

64 *Piensa en las cubetas como genes...* El lenguaje de la genética impregna la ciencia de los Numerati. Examiné mis notas y encontré la palabra «genoma» mencionada ciento treinta y nueve veces. El término arquitectónico «pruebas azules», que en sentido figurativo es sinónimo de aquél, sólo apareció trece veces. En un ejemplo entre muchos, Martin Remy, director tecnológico de Sphere, una nueva empresa de búsquedas de San Francisco, dice que su equipo desarrolla «genomas de documentos», una combinación de características «que nos permite encontrar otras asociaciones genéticas de documentos».

67 *Un investigador de Microsoft...* Para más información sobre Heckerman, véase «Using Spam Blockers to Target HIV, Too», *BusinessWeek*, 1 de octubre de 2007.

3 El votante

76 *Que escribió con dos coautores...* Véase *Applebee's America*, de Matthew J. Dowd, Ron Fournier y Douglas B. Sosnick, Simon & Schuster, 2006.

77 *Cada porción del electorado...* Aun los expertos en datos políticos discrepan acerca del valor de la microselección de objetivos. Mi investigación me llevó a las oficinas en Washington de Hal Malchow, consultor que inició la recopilación de datos de electores en la década de los noventa y que por lo mismo se volvió anticuado entre los Numerati políticos. Dijo que a pesar del entusiasmo por los datos de consumidores, las variables más útiles seguían siendo las que mi padre habría podido reconocer cuando trabajó para atraer votantes a la causa de Richard Nixon en 1960. «Estas seis cosas son las que más importan», me dijo Malchow:

1. Origen étnico. (Negros, blancos, judíos y católicos tienen pautas de voto diferentes.)
2. Género. (En elecciones presidenciales recientes, la mayoría de los hombres han votado por los republicanos.)

3. Estado civil. (Las solteras apoyan a los demócratas de manera aplastante.)
4. Asistencia a la iglesia. (Los devotos son más conservadores.)
5. Posesión de armas. (Los conservadores, con su vena libertaria, tienden a poseer armas.)
6. Geografía. (A mayor densidad demográfica, mayor cantidad de votantes liberales.)

Los microseleccionadores no refutan la importancia de esta lista, pero insisten en que pueden detectar individuos atípicos dentro de esos grupos. Malchow, en contraste, argumentó que muchos proyectos fuera de esas áreas básicas eran pura moda mercadotécnica.

Otra nota de Malchow: aunque los afroamericanos representan un sector demócrata básico, este partido carece de listas confiables de votantes negros. «El mito es que tenemos afroamericanos», dijo. «Pero no es así.» A diferencia de los hispanos, aquéllos no tienen apellidos distintivos. Esto lleva a quienes elaboran las listas a buscar nombres propios que asocian con afroamericanos, como Latisha y Jamal. Y desde luego, pasan por alto a millones de Roberts, Janes, Toms y Alices.

83 *Como escribe Robert O'Harrow Jr…* Véase *No Place to Hide,* de Robert O'Harrow Jr., Free Press, 2005.

Mike Henry, subcoordinador de campaña de Hillary Clinton, abandonó la contienda el 13 de febrero de 2008, tras las derrotas de Clinton ante el senador Barack Obama en Virginia, Maryland y el Distrito de Columbia.

4 EL BLOGUERO

112 *Compañías y gobiernos por igual estudian minuciosamente…* Esto sucede de incontables maneras. Considera el caso de Michael Cavaretta, quien dirige un departamento de matemáticas en Ford. Él y su equipo están tratando de explotar la vasta colección de reclamaciones por garantía que recibe la compañía. El gran reto es reducir millones de documentos, algunos de ellos manuscritos, a matemáticas. Pero antes las máquinas deben entender a las personas que los escribieron. ¿A qué se refieren los miles de mecánicos y representantes de atención al cliente del mundo entero cuando escriben frases como «chirriar y crujir», «vibración y sacudida»? ¿Esos pares de palabras son sinónimos? ¿Deberían ir en la misma cubeta? ¿Los significados de estas palabras varían por región? Cavaretta me dijo que un mecánico escribió que un auto «crujía como el cerdo Bubba». ¿Cómo da sentido una computadora a algo así? El equipo de Cavaretta extrae todo el conocimiento que puede de esta vasta colección antes de

agrupar los datos y usar análisis estadísticos para encontrar modelos de problemas en los automóviles.

124 *Blog sobre desodorantes en Irak...* Stephen Baker, Blogspotting.net, «Captive Advertising Audience at 30,000 Feet», http://www.businessweek.com/the_thread/blogspotting/archives/2007/01/captive_adverti.html.

5 El terrorista

129 USA Today *informó...* «NSA Has Massive Database of Americans' Phone Calls», *USA Today*, 11 de mayo de 2006.

130 *Se carece de un registro histórico...* Éste es un problema también para la NASA. David Danks, profesor de filosofía de la Universidad Carnegie Mellon, me dijo que la NASA procesa datos de cuarenta mil sensores instalados en los transbordadores espaciales, muchos de los cuales llegan numerosas veces por segundo. Ello aporta suficientes datos para crear detalladas simulaciones de lanzamientos. Con todo, durante el primer cuarto de siglo de los viajes de transbordadores sólo hubo dos desastres. «Tenemos un tamaño de muestra de dos», dijo. Esto dificulta elegir modelos de datos que indiquen problemas.

131 *Los sucesos inesperados y estremecedores...* Nassim Nicholas Taleb, *The Black Swan: The Impact of the Highly Improbable,* Random House, 2007.

131 *Jerry Friedman, profesor de estadística en Stanford...* Véase *The Mathematical Sciences' Role in Homeland Security: Proceedings of a Workshop,* National Academies Press, 2004.

135 *Jeff Jonas, como muchos otros...* Jonas escribe extensamente sobre los retos de la seguridad y la privacidad en torno a los datos en su blog, http://www.jeffjonas.typepad.com/.

147 *Por trescientas cámaras...* «Watching You Watching Me», *New Statesman,* 2 de octubre de 2006.

147 *El gobierno chino había anunciado planes...* «China Enacting a High-Tech Plan to Track People», *New York Times,* 12 de agosto de 2007.

6 El paciente

162 *«Millones siguen a la biología»...* Por esta misma razón, decidí no centrar el capítulo de medicina en lo que los Numerati llevan a cabo en el vasto campo de la genética. Pero investigué el tema. Una de mis ideas era definir las posibilidades genéticas de que, como mi padre, yo desarrolle glaucoma y degeneración macular, y me quede ciego en una etapa avanzada de mi vida. Esta cuestión me llevó a la Universidad de Iowa, donde el amable doctor Edwin Stone ha trabajado en una operación de la vista de

clase mundial como parte de un programa de investigación, que incluye al Centro Familiar Carver para la Degeneración Macular. Ahí me enteré de un experimento para descifrar el genoma completo del ojo de una rata, el cual es similar —pese a su aspecto pequeño y brillante— al nuestro. El trabajo de los Numerati que estudian el gen de la rata no consiste en buscar genes específicos que causen ceguera. Éstos son raros. Más bien, el reto está en desenmarañar decenas de millones de relaciones entre los genes y diagramar las rutas de poder e influencia dentro del ojo. Los secretos de la ceguera no se encuentran en la estructura del genoma, sino en la conducta de sus componentes. Es como una sociedad.

El análisis, por supuesto, es estadístico. Y cuando lo conocí me di cuenta de que es muy semejante a la labor que se lleva a cabo en Tacoda. Así como Dave Morgan buscaba las pautas conductuales de aficionados a las películas de amor, los investigadores genéticos tienen que analizar la conducta de los genes influyentes. ¿Qué los activa? ¿Hay estímulos que proceden de otros genes o proteínas? ¿Cuáles? En ambos campos, la publicidad y la genética, el proceso implica cerner grandes series de datos, buscar modelos, ponderar estadísticas y usar la probabilidad para distinguir entre una causa y una coincidencia. Desde el punto de vista de los Numerati, las fuerzas microscópicas que llevamos en el cuerpo se comportan más como comunidades, o incluso mercados, que como componentes de una máquina.

Lamento informar que no supe nada sobre la posibilidad de quedarme ciego, y mucho menos de que vayan a existir remedios genéticos. En cambio, el doctor Stone me preparó para un enfoque gradual de la batalla contra las enfermedades hereditarias: «Hace un par de años, identificamos el gen llamado fibulina 5. Es responsable del 1.5 por ciento de la degeneración macular relacionada con la edad». Hizo un minúsculo espacio entre dos dedos. «Es una cosita, ¿verdad?» Pero ese descubrimiento, dijo, da a los investigadores un vistazo del mecanismo que causa la degeneración macular. «Esto nos permite hacer experimentos en los que nos plantearamos: ¿por qué ocurre esto? ¿Por qué un cambio tan pequeño en este gen provoca que las personas presenten esas acumulaciones bajo la retina?… Si conociéramos ese proceso, tal vez podríamos hacer algo para retardarlo desde que alguien tiene treinta y cinco años de edad. Luego entonces, en vez de que la edad promedio en que la gente pierde la vista por degeneración macular sea de sesenta y siete o setenta y un años, podría ser de ochenta y siete o noventa y uno. Nos gustaría que nunca se manifestara. Pero desde el punto de vista de la población, cada tres o cuatro años que pueda moverse esa curva constituye una drástica diferencia en el número de casos de ceguera.»

173 *Siempre y cuando aportes tus datos…* Los hospitales que aprendan a usar de manera inteligente los datos de sus pacientes inevitablemente se irán

a las nubes. Así ha sido desde hace mucho tiempo, como lo constaté en una visita a la Clínica Mayo en Rochester, Minnesota. Me reuní con su experto en datos, el doctor Christopher Chute, quien me contó de un adelanto crucial. En los primeros años de esa clínica, hace más de un siglo, los hermanos Mayo la dirigían como se hacía en muchas otras grandes clínicas. Digamos que llegaba un paciente con un hombro lastimado. Se le enviaba al ortopedista. ¡Pero resultaba ser un problema del corazón! Así que se le remitía al cardiólogo. Tomaba medicinas y le salía urticaria. La siguiente escala: el dermatólogo. Cada uno de los tres médicos tenía un expediente distinto del paciente, y a menudo no se reunían para examinar los casos de los pacientes.

Aquí entra en acción el socio de los hermanos Mayo, Henry Plummer. En 1907, él y su asistente, Mabel Root, idearon un nuevo sistema. Cuando el paciente ingresaba a la clínica, recibía un expediente que llevaría de un consultorio a otro. De esta manera, cada doctor podía estudiar su historial médico desde el primer día. Cuando los pacientes eran dados de alta, los expedientes se integraban a un gran archivo. Plummer y Root ponían códigos de color en los expedientes para cada tipo de enfermedad y tratamiento. El resultado, agregó Chute, usando un lenguaje más parecido al de Google que al de la Clínica Mayo, fue que «¡tenían una base de datos impresa que estaba estructurada y permitía hacer búsquedas!» Con el paso de los años, indizaron los expedientes con detalles todavía más finos, lo cual les permitió practicar lo que nuestra generación llamaría análisis. Podían tomar cada caso de cáncer de colon o amigdalitis y analizar qué tratamientos eran más efectivos y de costo eficiente. «Eso era una mejora continua de la calidad», agregó Chute, refiriéndose al proceso industrial que los fabricantes japoneses de automóviles volverían famoso décadas después. Hicieron pasar la práctica de la medicina de un ramo de consultores independientes a una actividad moderna. «Este lugar emergió de entre los campos de maíz.» El reto ahora, por supuesto, es dar con un avance similar para los datos médicos en el siglo XXI.

173 *En Gran Bretaña, Norwich Union ofrece...* «Norwich Union Buys Tracking Equipment for Pay-as-You-Go Motor Insurance», *Insurance Business Review*, 6 de octubre de 2005.

7 La pareja

195 *El 94 por ciento de las corporaciones estadounidenses...* «The Art of the Online Résumé», *BusinessWeek*, 7 de mayo de 2007.
196 Software *para registrar sus movimientos e interacciones.* «Gadgets That Know Your Next Move», *Technology Review*, 1 de noviembre de 2006.

214 «*Si entra basura, sale basura*»… No todos están de acuerdo con esa conocida tesis. En los inicios de mi investigación, conversé sobre el tema con William Pulleyblank, vicepresidente de IBM a cargo de la optimización de negocios y ex director del Instituto de Computación Avanzada (Deep Computing Institute) de esa misma compañía. «El principio de que, si entra basura, sale basura, ya no se considera correcto», dijo. «Si uno no ha tenido tiempo para depurar sus datos, el verdadero reto es hacer algo valioso con la 'basura'.» En otras palabras, en un mundo de negocios muy dinámico, las conclusiones veloces e imperfectas tienen posibilidades de funcionar. Las lentas y seguras, en contraste, suelen ser un oxímoron, porque los datos pueden ser obsoletos para el momento en que se han depurado e investigado.

BIBLIOGRAFÍA
Y LECTURAS RECOMENDADAS

Ayres, Ian, *Supercrunchers: Why Thinking-by-Numbers Is the New Way to Be Smart*, Bantam, 2007.

Barabasi, Albert-Laszlo, *Linked*, Plume/The Penguin Group, 2003.

Bardi, Jason, *Socrates: The Calculus Wars*, Thunder's Mount Press, 2006.

Briggs, Rex, y Greg Stuart, *What Sticks*, Kaplan Publishing, 2006.

Brin, David, *The Transparent Society*, Basic Books, 1998.

Courant, Richard, y Herbert Robbins (revisión de Ian Stewart), *What Is Mathematics?*, Oxford University Press, 1996 (originalmente publicado en 1941).

Dantzig, Tobias, *Number: The Language of Science*, 4a. ed., The Free Press, 1967.

Gleick, James, *Isaac Newton*, Vintage Books, 2003.

Hamm, Steve, *Bangalore Tiger*, McGraw-Hill, 2007.

Henshaw, John M., *Does Measurement Measure Up?*, The Johns Hopkins University Press, 2006.

Morville, Peter, *Ambient Findability: What We Find Changes Who We Become*, O'Reilly Media, 2005.

O'Harrow, Robert Jr., *No Place to Hide*, Free Press, 2005.

Schultz, Don E., Stanley I. Tannenbaum y Robert F. Lauterborn, *The*

New Marketing Paradigm: Integrated Marketing Communications, NTC Business Books, 1994.

Sosnik, Douglas B., Matthew J. Dowd y Ron Fournier, *Applebee's America*, Simon & Schuster, 2006.

Stakutis, Chris, y John Webster, *Inescapable Data: Harnessing the Power of Convergence*, IBM Press, 2005.

Watts, Duncan J., *Six Degrees: The Science of a Connected Age*, Norton, 2003.

Whitehead, Alfred North, *Introduction to Mathematics*, Barnes & Noble Books, 2005 (originalmente publicado en 1911).

ÍNDICE ANALÍTICO

circuito de retroalimentación: 131

Clairvoyance Corp., 154

Clics Derechos (tribu): 89, 94, 95, 100, 131, 207

clientes «lapa»: 60-62, 73

clientes «mariposa»: 61, 62, 73

Clínica Mayo: 201, 227

compañías de seguros o aseguradoras: 161, 168, 173, 175, 202, 220

compañías telefónicas: 110, 129, 130, 198, 199. *Véase también* teléfonos celulares; encuestas

compradores. *Véase* consumidores

computadoras: y algoritmos, 220, 221; en animales, 170-173, 175; comparadas con el cerebro, 35; chips, 14, 73; *cookies,* 12; costo, 57, 159; datos producidos con éstas, 14, 15; historia de su uso, 16-21; rapidez de sus cálculos, 93, 94, 117; enseñarlas a reconocer tribus, 67-71; debilidades, 118; y empleados, 27-49, 104, 112. *Véase también* algoritmos; científicos de la computación; datos; Internet; aprendizaje máquina; modelos matemáticos;

comScore (compañía): 15

comunidad: 78, 79, 82, 84-89, 95, 96, 100, 190

condados: 92, 93

conducta: alteración de ésta, 23, 58-61; predicción de ésta, 21-24, 53, 93-97, 121, 153, 162, 168, 174, 197, 198, 201, 202; rastreo en usuarios de teléfonos celulares, 195-197; rastreo en ancianos, 156-182; rastreo en usuarios de Internet, 11-15, 27-29, 188; rastreo en terroristas, 130; rastreo en compradores, 50-74. *Véase también* datos; modelos matemáticos

Constructores (tipo de personalidad): 190-192

consumidores: 15, 20, 22, 23, 30, 50-74, 78, 79, 85, 88, 90, 92, 95, 97, 98, 103, 105, 109, 110, 189, 207, 222, 223

contraterrorismo. *Véase* terroristas

control estadístico de la calidad: 27, 28

correo basura: 67, 112, 131, 222. *Véase también* splogs (blogs basura)

correo electrónico: recopilación de datos, 15, 28, 29, 44, 45, 110-112; cuestiones de memoria reveladas en éste, 175, 176, 178. *Véase también* correo basura

«cortes oscuros»: 174,

costos de atención a la salud o médicos: 159, 161, 163, 175, 220. *Véase también* compañías de seguros

Craver, Jalaire (esposa del autor): 50, 69, 70, 91-93; su participación en el formulario de la agencia de encuentro, 183, 185, 190-192, 198-200

crédito (al consumo): 14, 17, 18, 22, 99, 130, 146, 204, 205, 222, 223

criminales: 96, 138, 144

criptología: 134

cubetas: 58-64, 66, 67, 88, 112, 120, 121, 132, 133, 188, 190, 204, 207, 223, 224. *Véase también* tribus

Cumby, Chad: 56

Danks, David: 225

Dantzig, George: 40

Dantzig, Tobias: 16

datos: alteración, 131; capacidad de procesamiento del cerebro humano, 35; recopilación por casinos, 143-145; recopilación por gobiernos en busca de terroristas, 128-155; recopilación por partidos políticos, 75-102, 223, 224; recopilación por tiendas, 51-74, 78, 130, 144, 184, 192, 193; recopilación en teléfonos celulares, 14, 25, 195-199; recopilación en vacas, 170-175; recopilación sobre pacientes 156-182, 207, 225-227; su control en manos de la gente, 199, 202-205; geometría aplicada a éstos, 123-126; «reproyección» de éstos, 155; venta de los propios, 205.